纺织高职高专"十二五"部委级规划教材

纺织品检测

范尧明　主　编

沈霞、张伟　副主编

中国纺织出版社

内 容 提 要

本书以项目的形式介绍了纺织品检验的基础知识、纺织纤维检验、纱线检验、织物检验、纺织品安全性能检验五部分内容。每个项目由项目任务、项目要求、任务实施组成,在任务实施中,列出了操作仪器、用具、试样,测试标准,操作步骤及任务拓展。在内容编写上,充分考虑了就业岗位能力培养的需要,将纺织品检测中涉及的知识要素与工作岗位相结合。

本教材紧密结合生产岗位实际要求,实用性和针对性强,可作为纺织类高职高专学生的教材,也可作为纤维检验工、针纺织品检验工考核的参考用书,还可供从事纺织品相关检测的工作人员学习参考。

图书在版编目(CIP)数据

纺织品检测/范尧明主编 . —北京:中国纺织出版社,2014.7

纺织高职高专"十二五"部委级规划教材

ISBN 978 - 7 - 5180 - 0727 - 1

Ⅰ.①纺… Ⅱ.①范… Ⅲ.①纺织品—检测 Ⅳ.①TS107

中国版本图书馆 CIP 数据核字(2014)第 132712 号

策划编辑:秦丹红 范雨昕 责任编辑:范雨昕 责任校对:王花妮
责任设计:何 建 责任印制:何 建

中国纺织出版社出版发行
地址:北京市朝阳区百子湾东里 A407 号楼 邮政编码:100124
销售电话:010—67004422 传真:010—87155801
http://www. c-textilep. com
E-mail:faxing@ c-textilep. com
中国纺织出版社天猫旗舰店
官方微博 http://weibo. com/2119887771
北京玺诚印务有限公司印刷 各地新华书店经销
2014 年 7 月第 1 版第 1 次印刷
开本:787×1092 1/16 印张:9.5
字数:182 千字 定价:36.00 元

凡购本书,如有缺页、倒页、脱页,由本社图书营销中心调换

《国家中长期教育改革和发展规划纲要》（简称《纲要》）中提出"要大力发展职业教育"。职业教育要"把提高质量作为重点。以服务为宗旨,以就业为导向,推进教育教学改革。实行工学结合、校企合作、顶岗实习的人才培养模式"。为全面贯彻落实《纲要》,中国纺织服装教育学会协同中国纺织出版社,认真组织制订"十二五"部委级教材规划,组织专家对各院校上报的"十二五"规划教材选题进行认真评选,力求使教材出版与教学改革和课程建设发展相适应,并对项目式教学模式的配套教材进行了探索,充分体现职业技能培养的特点。在教材的编写上重视实践和实训环节内容,使教材内容具有以下三个特点:

(1)围绕一个核心——育人目标。根据教育规律和课程设置特点,从培养学生学习兴趣和提高职业技能入手,教材内容围绕生产实际和教学需要展开,形式上力求突出重点,强调实践。附有课程设置指导,并于章首介绍本章知识点、重点、难点及专业技能,章后附形式多样的思考题等,提高教材的可读性,增加学生学习兴趣和自学能力。

(2)突出一个环节——实践环节。教材出版突出高职教育和应用性学科的特点,注重理论与生产实践的结合,有针对性地设置教材内容,增加实践、实验内容,并通过多媒体等形式,直观反映生产实践的最新成果。

(3)实现一个立体——开发立体化教材体系。充分利用现代教育技术手段,构建数字教育资源平台,开发教学课件、音像制品、素材库、试题库等多种立体化的配套教材,以直观的形式和丰富的表达充分展现教学内容。

教材出版是教育发展中的重要组成部分,为出版高质量的教材,出版社严格甄选作者,组织专家评审,并对出版全过程进行跟踪,及时了解教材编写进度、编写质量,力求做到作者权威、编辑专业、审读严格、精品出版。我们愿与院校一起,共同探讨、完善教材出版,不断推出精品教材,以适应我国职业教育的发展要求。

中国纺织出版社

教材出版中心

前 言

　　本书是在多年使用的自编教材的基础上,根据现代纺织技术、纺织品检验与贸易、纺织品装饰艺术设计等纺织服装类专业的教学需要而编写的。内容主要包括纺织品检验基础知识、纺织纤维检验、纱线检验、织物检验及纺织品安全性能检验等。

　　本教材以项目的形式,对纺织品检验检测过程中使用最频繁的检验检测项目进行分类编写。每个项目涉及一个具体的检测内容,包括项目任务、项目要求、任务实施。在任务实施中又设置了操作仪器、用具及试样、测试标准、操作步骤、任务拓展等内容,最后完成与企业检测等效的测试报告。检测内容和过程与企业接轨且结合紧密,学习的知识与就业工作内容接轨。

　　本书是为纺织品检验检测课程而编写的一本项目化应用型教材,可根据课程独立使用,也可以作为纺织材料、纺织材料与检测课程的配套教材。

　　本教材实践与理论相结合,具有较强的实用性和可操作性。

　　本书项目1、项目2由沙洲职业工学院沈霞编写;项目3由沙洲职业工学院范尧明编写;项目4-1~项目4-5由德州学院张伟编写;项目4-6~项目4-7由苏州纤维检验所陆晓芳编写;项目4-8~项目4-9由扬州市职业大学纪杰编写;项目5由张家港市商检局刘丽萍编写。全书由范尧明负责统稿。

　　由于作者水平有限,书中难免出现疏漏和不足,诚挚地欢迎读者和同行批评指正。

编者

2014 年 4 月

本课程设置意义

本课程是根据纺织行业实际发展和工作的需求,结合高职高专的培养目标及纺织服装类专业的特点进行设置的。课程分纺织品检验基础知识、纺织纤维检验、纱线检验、织物检验、纺织品安全性能检验等五大部分内容,既可单独设立课程,也可作为纺织材料、纺织材料与检测等的配套教材使用。

本课程教学建议

纺织品检测可作为高职高专纺织服装类专业学生的专业基础课程,如果独立使用本教材,建议为90学时;如果作为纺织材料、纺织材料与检测等配套教材使用,建议为60学时。在此基础上,有关学校对项目的使用有一定选择,则可相应地调整学时数。

本教材是项目化教材,重在指导学生动手实操,讲授只是为操作作准备,可根据各自的培养目标和要求选择讲授的项目。

本课程教学目的

1.掌握纺织材料的检测应用标准、纺织品的相关性能。

2.掌握纺织品检验检测中使用的仪器、用具及试样的操作步骤、方法。

3.掌握纺织品检验检测中具体项目的检测任务与目的要求及在生产实际中的应用。

4.了解纺织材料的性能和各项指标,掌握各性能的测试方法及测试误差对结果的影响。

5.了解纺织材料的性能对纺织品最终产品性能的影响。

教学内容及学时安排

教学内容	配套使用	单独使用
项目1　纺织品检验基础知识		
项目1-1　纺织品检验的相关标准	0.5	0.5
项目1-2　纺织品质量检验基础	0.5	0.5
项目1-3　数据处理	1	1
项目2　纺织纤维检验		
项目2-1　棉纤维品级检验	2	3
项目2-2　棉纤维含杂检验	2	3
项目2-3　棉纤维成熟度检验	2	3
项目2-4　纤维长度检验	3	5
项目2-5　纤维细度检验	2	4
项目2-6　纤维水分检验	2	4
项目2-7　纺织纤维切片制作	3	4
项目2-8　单纤维强伸性检验	2	3
项目2-9　纺织纤维的鉴别	3	4
项目3　纱线检验		
项目3-1　纱线线密度检验	2	3
项目3-2　纱线强伸性检验	2	3
项目3-3　纱线捻度检验	2	3
项目3-4　纱线条干均匀度检验	2	3
项目3-5　纱线毛羽检验	2	3
项目3-6　本色棉纱分等	3	4
项目4　织物检验		
项目4-1　织物拉伸性能检验	2	3
项目4-2　织物撕破性能检验	2	3
项目4-3　织物顶破性能检验	2	3
项目4-4　织物起毛起球性能检验	2	3
项目4-5　织物耐磨性能检验	2	3
项目4-6　织物悬垂性能检验	2	3
项目4-7　织物长度（织缩）、幅宽及厚度测定	2	3
项目4-8　机织物密度和经纬纱线密度测定	2	3
项目4-9　棉本色布分等	2	3
项目5　纺织品安全性能检验		
项目5-1　纺织品甲醛含量检验	2	3
项目5-2　纺织品pH检验	2	3
项目5-3　纺织品色牢度检验	2	3
小计	60	90

目 录

1

项目 1　纺织品检验基础知识

项目 1-1　纺织品检验的相关标准

【项目任务】

查阅和使用标准。

【项目要求】

1. 学习查阅相关标准，熟悉相关国家标准、国际标准。

2. 接到测试样品后，能准确按照相关标准进行相应项目的检测。

3. 小组互评，教师点评。

一、标准的定义

GB/T　20000.1—2002《标准化工作指南　第 1 部分：标准化和相关活动的通用词汇》中对标准的定义是：为了在一定范围内获得最佳秩序，经协商一致制定并由公认机构批准，共同使用的和重复使用的一种规范性文件。

国家标准 GB/T　3935.1—1996 定义："标准是对重复性事物和概念所做的统一规定，它以科学、技术和实践经验的综合为基础，经过有关方面协商一致，由主管机构批准，以特定的形式发布，作为共同遵守的准则和依据"。

国际标准化组织(ISO)的标准化原理委员会(STACO)一直致力于标准化概念的研究，先后以"指南"的形式给"标准"的定义作出统一规定：

标准是由一个公认的机构制定和批准的文件。它对活动或活动的结果规定了规则、导则或特殊值，供共同和反复使用，以实现在预定领域内最佳秩序的效果。

纺织标准是以纺织科学技术和纺织生产实践的综合成果为基础，经有关方面协商一致，由主管机构批准，以特定形式发布，作为纺织生产、纺织品流通领域共同遵守的准则和依据。

为在一定的范围内获得最佳秩序，对实际的或潜在的问题制定共同的和重复使用的规则的活动，称为标准化。它包括制定、发布及实施标准的过程。标准化的重要意义是改进产品、过程和服务的适用性，防止贸易壁垒，促进技术合作。

标准的内容是根据标准化对象和制定的目的来确定的。以产品标准为例，产品标准主要由概述部分、标准的一般部分、技术部分、补充部分四部分组成。

完整的标准编号包括标准代号、顺序号和年代号。中国国家强制性标准编号为：GB×××—×××；国家推荐性标准编号为：GB/T×××—×××；纺织行业强制性标准编号为：FZ×××—×××；纺织行业推荐性标准编号为：FZ/T×××—×××；企业标准编号为：Q/××××××—×××。

二、标准的分类

标准可以按照标准层级、标准对象、标准性质等几方面来进行分类。

1. 层级分类法

按照标准制定和发布的机构级别、适用范围，可分为：

（1）国际标准。由国际标准化团体批准、发布的标准。如国际标准化组织（ISO）、国际电工委员会（IEC）和国际电信联盟（ITU）等，国际标准在世界范围内统一使用。

（2）区域标准。指世界某一区域标准化团体所通过的标准。如太平洋地区标准会议（PASC）、欧洲标准委员会（CEN）、亚洲标准咨询委员会（ASAC）、非洲地区标准化组织（ARSO）、亚洲大洋洲开放系统互联研讨会（AOW）、亚洲电子数据交换理事会（ASEB）、欧洲电工标准化委员会（CENELEC）、欧洲广播联盟（EBU）等机构发布的标准。区域标准中有部分标准被收录为国际标准。

（3）国家标准。由国家标准化机构批准、发布的标准，在该国范围内适用。如中国国家标准（GB）、美国国家标准（ANSI）、英国国家标准（BS）、澳大利亚国家标准（AS）、日本工业标准（JIS）等。

（4）行业标准。由行业标准化机构批准、发布的标准，如纺织行业（FZ）。

（5）地方标准。由地方政府标准化主管部门批准、发布的标准。编号由四部分组成："DB（地方标准代号）"+"省、自治区、直辖市行政区代码前两位"+"/"+"顺序号"+"年号"。

（6）企业标准。由企事业单位、经济联合体自行批准、发布的标准。

2. 对象分类法

（1）基础标准。基础标准是指具有广泛的适用范围或包含一个特定领域的通用条款的标准。主要包括技术通则类、通用技术语言类、参数系列类、通用方法类等。

（2）产品标准。对产品结构、规格、质量和检验方法所做的技术规定，称为产品标准。产品标准按其适用范围，分别由国家、部门和企业制定；它是一定时期和一定范围内具有约束力的产品技术准则，是产品生产、质量检验、选购验收、使用维护和洽谈贸易的技术依据。

（3）方法标准。以试验、检查、分析、抽样、统计、计算、测定、作业等公正方法为对象制定的标准。方法标准分为三类：与产品质量鉴定有关的方法标准、作业方法标准和管理方法标准。

3. 性质分类法

（1）技术标准。对标准化领域中需要协调统一的技术事项所制定的标准，称为技术标准。

（2）管理标准。对标准化领域中需要协调统一的管理事项所制定的标准，称为管理标准。"管理事项"主要指在企业管理活动中，所涉及的经营管理、设计开发与创新管理、质量管理、设备与基础设施管理、人力资源管理、安全管理、职业健康管理、环境管理、信息管理等与技术标准相关联的重复性事物和概念。

（3）工作标准。对工作范围、程序、要求、效果和检查方法等所作的规定。工作标准可以用来比较不同的生产运作系统设计方案，以帮助决策，也可以用来选择和评价新的工作方法，评估新设备、新方法的优越性。

三、国际标准简介

1. ISO

国际标准化组织（International Organization for Standardization，缩写 ISO）成立于 1947 年 2 月 23 日，是制作全世界工商业国际标准的各国国家标准机构代表的国际标准建立机构，总部设于瑞士日内瓦，成员包括 162 个会员国。它是世界上最大的非政府性标准化专门机构，是国际标准化领域中一个十分重要的组织，任务是促进全球范围内的标准化及其有关活动，以利于国际间产品与服务的交流，以及在知识、科学、技术和经济活动中发展国际间的相互合作。

（1）第 38 技术委员会。纺织品技术委员会，简称 ISO/TC/38，其工作范围主要是：制定纤维、纱线、绳索、织物及其他纺织材料、纺织产品的试验方法标准和有关术语、定义。

（2）第 72 技术委员会。纺织机械及附件技术委员会，简称 ISO/TC/72，其工作范围主要是：制定纺织机械及有关设备器材配件等纺织附件的相关标准。

（3）第 133 技术委员会。服装尺寸系列和代号技术委员会，简称 ISO/TC/133，其工作范围主要是：在人体测量的基础上，通过规定的一种或多种服装尺寸系列，实现服装尺寸的标准化。

2. ISO　9000 族标准

ISO 质量体系标准包括 ISO　9000、ISO　9001、ISO　9004。ISO　9000 标准明确了质量管理和质量保证体系，适用于生产型及服务型企业。世界上已有五十多个国家将此标准转换为本国的国家标准加以实施，我国等同于 ISO　9000 族标准的国家标准是 GB/T　19000。

ISO　9000 质量体系标准包括了 3 个体系标准和 8 条指导方针。3 个体系标准分别是 ISO 9001、ISO　9002 和 ISO　9003；8 个指导方针是 ISO　9000 - 1 ~ ISO　9000 - 4 和 ISO　9004 - 1 ~ ISO　9004 - 4。其中首要标准是 ISO　9001，它为设计、制造产品及提供服务的组织，明确指出了一套完整质量体系中的 20 条要素。ISO　9002 为只制造产品但不设计产品及提供服务的组织明确指出了 19 条要素。ISO　9003 为只进行检验的组织明确指出了 16 条要素。ISO　9000 标准每 5 ~ 7 年修订一次。第一批标准已于 1987 年公布，第一次修订则公布于 1994 年，第二次修订于 2000 年公布，第三次修订于 2008 年公布。

ISO　9001 的新修订本要包括一个单一质量体系标准。其指明了 ISO　9001 将适用于一切组织。它将涉及以下 4 个部分：管理职责，资源管理，工序管理，测量、分析及改进。资源管理这部分是全新的，其他部分包含了新项目。新修订本将包含所有旧的要求，并增加了附加管理要求、工序管理要求、工序测量及改进要求。

ISO　9000 认证需要一个同 ISO　9001 相一致的正在运行的质量体系，由注册团体所作的成功且独立的评估。为了维持认证，注册团体需要每 6 或 12 个月进行监督评估，每到 3 年还要进行一次全面再评估。

任务实施

查阅并领会 GB 18401—2010、GB/T 19000—2008、ISO 9000、ISO 14000 等标准。

项目1-2 检验准备

【项目任务】

纺织品检验的准备工作。

【项目要求】

收到测试样品后,能按照相关标准对相应测试项目进行试验准备。

一、抽样方法

一般情况下被测对象的总体是比较大的,对于纺织品的各种检验,只用于全部产品中的一小部分,因此,通常都是从被测对象总体中抽取子样进行检验。抽样方法主要有以下四种:

1. 单纯随机抽样

单纯随机抽样是在总体中以完全随机的方法抽取一部分观察单位组成样本(即每个观察单位有同等的概率被选入样本)。常用的办法是先对总体中全部观察单位编号,然后用抽签、随机数字表或计算机产生随机数字等方法从中抽取一部分观察单位组成样本。

其优点是简单直观,均数(或率)及其标准误差的计算简便;缺点是当总体较大时,难以对总体中的个体——进行编号,且抽到的样本分散,不易组织调查。

2. 系统抽样

系统抽样又称等距抽样或机械抽样,即先将总体中的全部个体按与研究现象无关的特征排序编号;然后根据样本含量大小,规定抽样间隔 k;随机选定第 $i(i<k)$ 号个体开始,每隔一个 k,抽取一个个体,组成样本。

系统抽样的优点是:易于理解,简便易行;容易得到一个在总体中分布均匀的样本,其抽样误差小于单纯随机抽样。缺点是:抽到的样本较分散,不易组织调查;当总体中观察单位按顺序有周期趋势或单调增加(减小)趋势时,容易产生偏倚。

3. 整群抽样

整群抽样是先将总体划分为 K 个"群",每个群包含若干个观察单位,再随机抽取 k 个群($k<K$),由抽中的各群的全部观察单位组成样本。

整群抽样的优点是便于组织调查,节省经费,容易控制调查质量;缺点是当样本含量一定时,抽样误差大于单纯随机抽样。

4. 分层抽样

分层抽样是先将总体中全部个体按对主要研究指标影响较大的某种特征分成若干"层"，再从每一层内随机抽取一定数量的观察单位组成样本。

分层随机抽样的优点是样本具有较好的代表性，抽样误差较小，分层后可根据具体情况对不同的层采用不同的抽样方法。

四种抽样方法的抽样误差大小一般是：整群抽样≥单纯随机抽样≥系统抽样≥分层抽样。在实际调查研究中，常将两种或几种抽样方法结合使用，进行多阶段抽样。

二、测试环境

1. 标准大气

标准大气是指相对湿度和温度受到控制的环境，纺织品在此环境温度和湿度下进行调湿和试验。根据 GB/T　6529—2008《纺织品　调湿和试验用标准大气》规定，我国标准大气状态采用2级A类：标准大气压下温度为20℃±2℃，相对湿度为65%±3%。

2. 预调湿

为了保证在调湿期间试样是由吸湿状态达到平衡的，对于含水较高和回潮率影响较大的试样还需要预调湿（即干燥）。所谓预调湿就是将试样材料放置在相对湿度为10.0%～25.0%、温度不超过50.0℃的大气中让其放湿。一般预调湿4h便可达到要求。注意：对于有些纺织品因其表面含有树脂、表面活性剂、浆料等，应该将试样前处理后进行预调湿和调湿。

3. 调湿

纺织品在进行各项性能测试前，应在标准大气条件下放置一定的时间，使其达到吸湿平衡，这样的处理过程称为调湿。在调湿期间，应使空气能畅通地流过将要被测试的试样，一直放置到其与空气达到吸湿平衡为止。一般纺织品为24h以上即可，对合成纤维制品则4h以上即可。调湿过程不能间断，若被迫间断必须重新按规定调湿。

☞**任务实施**

结合相关检验项目，对测试试样进行检验准备。

项目1-3　数据处理

【项目任务】

进行试验数据处理工作。

【项目要求】

能对测试结果进行误差分析和异常值处理等。

一、测量误差

1. 误差的分类

在测量时,测量结果与真值之间的差值叫误差。测量误差主要分为三大类:

(1)系统误差。在相同的观测条件下,对某量进行了 n 次观测,如果误差出现的大小和符号均相同或按一定的规律变化,这种误差称为系统误差。系统误差一般具有累积性。系统误差产生的主要原因之一是因为仪器设备制造不完善。例如,用一把名义长度为50m的钢尺去量距,经检定钢尺的实际长度为50.005m,则每量尺就带有 +0.005m 的误差(" + "表示在所量距离值中应加上),丈量的尺段越多,所产生的误差越大。所以这种误差与所丈量的距离成正比。

系统误差具有明显的规律性和累积性,对测量结果的影响很大。但是由于系统误差的大小和符号有一定的规律,所以可以采取措施加以消除或减少其影响。

(2)偶然误差。在相同的观测条件下,对某量进行了 n 次观测,如果误差出现的大小和符号均不一定,则这种误差称为偶然误差,又称为随机误差。例如,用经纬仪测角时的照准误差,钢尺量距时的读数误差等,都属于偶然误差。偶然误差遵循正态分布规律,可按正态分布特征来处理。

(3)粗大误差。在一定的测量条件下,超出规定条件下预期的误差称为粗大误差。如操作时疏忽大意,读数、记录、计算的错误等。粗大误差不具有抵偿性,它存在于一切科学实验中,不能被彻底消除,只能在一定程度上减弱。它是异常值,严重歪曲了实际情况,所以在处理数据时应将其剔除,否则将对标准差、平均差产生严重的影响。

2. 误差的来源

测量工作是在一定条件下进行的,外界环境、观测者的技术水平和仪器本身构造的不完善等原因,都可能导致测量误差的产生。具体来说,测量误差主要来自以下四个方面:

(1)外界条件误差。主要指观测环境中气温、气压、空气湿度和清晰度、风力以及大气折光等因素的不断变化,导致测量结果中带有误差。

(2)仪器误差。仪器在加工和装配等工艺过程中,不能保证仪器的结构能满足各种几何关系,这样的仪器必然会给测量带来误差。

(3)方法误差。理论公式的近似限制或测量方法的不完善。

(4)人员操作误差。由于观测者感官鉴别能力所限以及技术熟练程度不同,也会在仪器对中、整平和瞄准等方面产生误差。

减小误差的方法目前主要是选用精密的测量仪器及多次测量取平均值。

二、数值修约

实际进行检验时,往往要对一些数据进行修约。数值修约就是在进行具体的数字运算前,通过省略原数值的最后若干位数字,调整保留的末位数字,使最后所得到的值最接近原数值的过程。下面根据国家标准 GB/T 8170—2008《数值修约规则与极限数值的表示和判定》简要介绍有关数值修约的规定。

(1)拟舍去的数字的最左边一位数字小于5,则舍去,保留的数字不变。如将 12.1498 修约到个数位,得 12;修约到一位小数,得 12.1。

（2）拟舍去的数字的最左边一位数字大于 5,则进 1,保留的数字最后一位加 1。如将 1268 修约到"百"数位,得 1300。

（3）拟舍去的数字的最左边一位数字是 5,且其后面跟有非 0 数字时,则进 1,保留的数字最后一位加 1。如将 10.5002 修约到个数位,得 11。

（4）拟舍去的数字的最左边一位数字是 5,且其后无数字或皆为 0 时,若保留数字的最后一位为奇数(1,3,5,7,9),则进 1;保留数字的最后一位为偶数(0,2,4,6,8),则舍去。如将 1.050 修约到一位小数,得 1.0;0.35 修约到一位小数,得 0.4。

（5）不能连续多次修约。应根据拟舍弃数字中最左一位数字的大小,按上述规则一次修约完成。如将 13.4648 修约成两位有效数字,应修约成 13,而不能修约成 14。

（6）负数修约时,先将它的绝对值按规定方法进行修约,然后在修约值前加上负号。

以上法则的口诀可归纳为"四舍六入五考虑,五后非零则进一,五后皆零视奇偶,五前为偶应舍去,五前为奇应进一"。

☞任务实施

结合相关检验项目,对测试数据按要求进行修约。

项目2 纺织纤维检验

项目2-1 棉纤维品级检验

【项目任务】

某公司送来1份棉纤维原料样品,要求对这批原棉进行品级检验,并出具检测报告。

【项目要求】

1. 在学习查阅相关资料和标准的基础上,采用分组讨论的方式,制订工作计划,并撰写实施方案。

2. 在教师的指导下,以小组为单位,学生在纺织检测实训室,按照标准规范进行测试操作。

3. 安全、规范地使用仪器及化学试剂,并做好实验场地的清洁整理工作。

4. 完成检测报告。

5. 小组互评,教师点评。

按现行国家标准GB 1103.1—2012《棉花 第1部分:锯齿加工细绒棉》、GB 1103.2—2012《棉花 第2部分:皮辊加工细绒棉》,成包皮棉检验分为按批检验和逐包检验两类,采取感官检验与仪器化检验相结合的方式进行。按批检验项目有品级、长度、马克隆值、异性纤维、回潮率、含杂率及公定重量七项,如采用大容量棉纤维快速检测仪(HVI)检验,则增加长度整齐度指数和断裂比强度检验两项,共计九项。逐包检验项目有品级、长度、马克隆值、异性纤维、回潮率、含杂率、毛重、长度整齐度指数、断裂比强度、反射率、黄色深度及色特征十二项。

一、品级检验

棉花品级是我国检验棉花质量的一个综合性指标,反映棉花的内在质量与使用价值,也是工商交接的重要依据。品级代表品质和级别。

二、分级依据

我国棉花品级,按现行国家标准GB 1103—2012的规定,根据棉花的成熟程度、色泽特征、轧工质量,将细绒棉分为七个级,即一至七级,一级最好,七级最差,低于六级者为七级棉。其中,三级为标准级,一至五级为纺用棉(五级为转杯纺用棉)。

按 GB 19635—2005《棉花　长绒棉》的规定,长绒棉分为一至五级,三级为品级标准级。

按 GB 1103.3—2005《棉花　天然彩色细绒棉》的规定,各类型的彩色细绒棉分为一至三级,二级为品级标准级。三级以下为级外棉。

三、品级标准

品级标准分文字标准和实物标准。

1. 文字标准

各品级棉花所应达到的成熟程度、色泽特征、轧工质量,对皮辊棉和锯齿棉各有规定。具体见表2-1。

表2-1　细绒棉品级条件

品级	籽棉	皮辊棉			锯齿棉		
		成熟程度	色泽特征	轧工质量	成熟程度	色泽特征	轧工质量
一级	早、中期优质白棉,棉瓣肥大,有少量一般白棉和带淡共同尖、黄线的棉瓣,杂质很少	成熟度好	色洁白或乳白,丝光好,稍有淡黄染	黄根、杂质很少	成熟度好	色洁白或乳白,丝光好,微有淡黄染	索丝、棉结、杂质很少
二级	早、中期好白棉,棉瓣大,有少量轻雨锈棉和个别半僵棉瓣,杂质少	成熟度正常	色洁白或乳白,有丝光,有少量淡黄染	黄根、杂质少	成熟度正常	色洁白或乳白,有丝光,稍有淡黄染	索丝、棉结、杂质少
三级	早、中期一般白棉和晚期好白棉,棉瓣大小都有,有少量雨锈棉和个别僵瓣棉,杂质稍多	成熟度一般	色白或乳白,稍见阴黄,稍有丝光,淡黄染、黄染稍多	黄根、杂质稍多	成熟度一般	色白或乳白,稍有丝光,有少量淡黄染	索丝、棉结、杂质较少
四级	早、中期较差的白棉和晚期白棉,棉瓣小,有少量僵瓣或轻霜、淡灰棉,杂质较多	成熟度稍差	色白略带灰、黄,有少量污染棉	黄根、杂质较多	成熟度稍差	色白略带阴黄,有淡灰、黄染	索丝、棉结、杂质稍多
五级	晚期较差的白棉和早、中期僵瓣棉,杂质多	成熟度较差	色灰白带阴黄,污染棉较多,有糟绒	黄根、杂质多	成熟度较差	色灰白有阴黄,有污染棉和糟绒	索丝、棉结、杂质较多
六级	各种僵瓣棉和部分晚期次白棉,杂质很多	成熟度差	色灰黄,略带灰白,各种污染棉、糟绒多	杂质很多	成熟度差	色灰白或阴黄,污染棉、糟绒较多	索丝、棉结、杂质多
七级	各种僵瓣棉、污染棉和部分烂桃棉,杂质很多	成熟度很差	色灰暗,各种污染棉、糟绒很多	杂质很多	成熟度很差	色灰黄,污染棉、糟绒多	索丝、棉结、杂质很多

2. 实物标准

根据品级条件和品级条件参考指标,制作品级实物标准。品级实物标准分基本标准和仿制标准。同级籽棉在正常轧工条件下轧出的皮棉产生同级皮辊棉、锯齿棉基本标准。基本标准分保存本、副本、校准本。保存本为基本标准每年更新的依据;副本为品级实物标准仿制的依据;校准本用于仿制标准损坏、变异等情况下的修复、校对。皮辊棉、锯齿棉仿制标准根据基本标准副本的品级程度进行仿制。皮辊棉、锯齿棉仿制标准是评定棉花品级的依据。基本标准和仿制标准的使用期限为一年(自当年的 9 月 1 日至次年的 8 月 31 日)。各级实物标准都是底线。

☞ 任务实施

一、操作仪器、用具及试样

棉花分级室,皮辊棉和锯齿棉实物标准各一套,原棉试样。

二、测试标准

GB 1103.1—2012、GB 1103.2—2012。

三、操作步骤

1. 取样

成包皮棉(原棉)在 10 ~ 15cm 的深处取样,每 10 包取样一筒(约 0.5kg),不足 10 包按 10 包计算。100 包以上,每增加 20 包取样一筒,不足 20 包按 20 包计算。500 包以上,每增加 50 包取样一筒,不足 50 包按 50 包计算。

2. 品级检验

用手将棉样压平,握紧举起,使棉样密度与品级实物标准表面密度相似。在实物标准旁边进行对照,以实物标准结合品级条件进行品级评定。在自然光照条件下进行对照时(一般应在北窗光线下进行),棉花标准架以 55°为宜。棉样与标准对照时,可稍低于平行视线,距离眼睛约 40cm,使棉样由两肩上部射入实物标准和棉样表面。在人工光照条件下对照时,棉花标准架应为 30°左右,分级时棉样拿法应用手将棉样从分级的台上抓起,使底部呈平面状态翻转向上,拿在稍低于肩胛离眼睛 40 ~ 50cm 处与实物标准对照进行检验。凡在本标准及以上一级标准以下的原棉,都应定为本级。原棉品级应按取样筒数逐筒检验。

3. 记录

结果记录

编号	品级
1	
2	
3	
4	
5	
合计	

项目2-2　棉纤维含杂检验

【项目任务】

某公司送来1份棉纤维原料样品,要求对这批原棉进行含杂检验,并出具检测报告。

【项目要求】

1. 在学习查阅相关资料和标准的基础上,采用分组讨论的方式,制订工作计划,并写出实施方案。

2. 在教师的指导下,以小组为单位,学生在纺织检测实训室,按照标准规范进行测试操作。

3. 安全、规范地使用仪器及化学试剂,并做好实验场地的清洁整理工作。

4. 完成检测报告。

5. 小组互评,教师点评。

一、原棉杂质与含杂率

杂质是指原棉中夹杂的非纤维性物质,如沙土、枝叶、铃壳、棉籽、籽棉等。疵点是指原棉中存在的由于生长发育不良而轧工不良而形成的对纺纱有害的物质,包括破籽、不孕籽、棉结、索丝、软籽表皮、僵片、带纤维籽屑和黄根等。杂质和疵点以及混入原棉中的异性纤维,不仅影响用棉量,还影响生产加工和产品质量。粗大杂质由于重量比棉纤维大,容易与纤维分离而排除。细小杂质,尤其是连带纤维的细小杂质,在棉纺过程中较难排除。在排杂的同时,由于受到运转机件的打击,粗大杂质分裂成碎片,因此在纺纱过程中,虽然杂质重量越来越少,但是粒数却越来越多,从而影响最后成品的外观质量。我国规定了原棉标准含杂率,皮辊棉为3%,锯齿棉为2.5%。

二、原棉含杂率的检验方法

采用原棉杂质分析机检验,它是取一定重量的试样拣出粗大杂质后喂入该机,经刺辊锯齿分梳松散后,在机械和气流的作用下,由于纤维和杂质的形状及重量不同,所受力不同,使纤维和杂质分离,称取杂质重量计算而得原棉含杂率。计算公式为:

$$Z = \frac{F+C}{S} \times 100\% \qquad\qquad (2-1)$$

式中:Z——含杂率;

$\quad F$——机拣杂质重量,g;

$\quad C$——手拣粗大杂质重量,g;

$\quad S$——试验试样重量,g。

☞任务实施

一、操作仪器、用具及试样

原棉杂质分析机、天平、案秤(分度值不大于5g)、鬃刷、镊子。

二、测试标准

GB/T 6499—2012《原棉含杂率试验方法》。

三、操作步骤

(1)取样:用案秤从批样中称取实验室样品:当件数在50包以下时,重量为300g;当件数在50~400包时,重量为600g;当件数在400包以上时,重量为800g。将这些样品混合均匀。从混合均匀的实验室样品中,采用四分法取出有代表性的试验试样,用天平称准:当件数在50包以下时,称取两个50g的试验试样和一个备用的50g试验试样;当件数在50~400包时,称取两个100g的试验试样和一个100g的备用试验试样;当件数在400包以上时,称取三个100g的试验试样和一个100g的备用试验试样。

(2)开机前,先开照明灯并将风扇活门全部开启。开机空转1~2min,然后停机清洁杂质箱、净棉箱、给棉台和刺辊。

(3)将试验试样撕松,依次平整均匀地铺于给棉台上。遇有棉籽、籽棉及其他粗大杂质应随时拣出,并在原棉含杂率试验报告单上注明。

(4)开机运转正常后,以两手手指微屈靠近给棉罗拉,把试验试样喂入给棉罗拉与给棉台之间,待棉纤维出现在尘笼或集棉网板表面时,将余样陆续源源喂入,直到整个试验试样分析完毕,取出第一次分析后的全部净棉。

(5)将取出的第一次分析的净棉,纵向平铺于给棉台上,按第一次分析步骤作第二次分析,然后取出全部净棉。

(6)关机收集杂质盘内的杂质。注意收集杂质箱四周壁上、横档上、给棉台上的全部细小杂质。如杂质盘内落有小棉团、索丝、游离纤维,应将附在表面的杂质抖落后拣出。

(7)将收集的杂质与拣出的粗大杂质分别称量,用天平称准至0.01g,记录质量为 F 与 C。

(8)按上述试验步骤分析其余的一个或两个试验试样。注意从称试验试样质量到称杂质质量这段时间内,室内温湿度应保持相对稳定。

(9)按式2-1计算结果,结果修约至1位小数,做好记录。

结果记录

试验次数	试验试样质量(g)	分析杂质质量(g)	拣出杂质质量(g)	含杂率(%)
1				
2				
3				
4				
5				

项目 2 - 3　棉纤维成熟度检验

【项目任务】

某公司送来 1 份棉纤维原料样品,要求对这批原棉进行成熟度检验,并出具检测报告。

【项目要求】

1. 在学习查阅相关资料和标准的基础上,采用分组讨论的方式,制订工作计划,并写出实施方案。

2. 在教师的指导下,以小组为单位,学生在纺织检测实训室,按照标准分别用中段切断称重法和纤维细度分析仪法进行测试操作。

3. 安全、规范地使用仪器及化学试剂,并做好实验场地的清洁整理工作。

4. 完成检测报告。

5. 小组互评,教师点评。

棉纤维的成熟度是指棉纤维细胞壁增厚的程度。成熟度是反映棉纤维品质的综合性指标,成熟度的高低与棉纤维的细度、强力、弹性、吸湿性、染色、转曲的形态及可纺性有密切关系,是原棉品质测试的重要内容。

一、棉纤维成熟度的指标

表征棉纤维成熟度的指标有成熟系数、成熟度比和成熟纤维百分率等。

1. 成熟系数(K)

根据棉纤维腔宽与壁厚比值的大小(与纤维形态有关,见图 2 - 1)所定出的相应数值,即将棉纤维成熟程度分为 18 组后所规定的 18 个数值,最不成熟的棉纤维成熟系数定为零,最成熟的棉纤维成熟系数定为 5,用以表示棉纤维成熟度的高低。棉纤维成熟系数与腔宽壁厚比值间的对应关系见表 2 - 2。

正常成熟的细绒棉的成熟系数一般在 1.5 ~ 2.0,低级棉的成熟系数在 1.4 以下。从纺纱工艺与成品质量来考虑,成熟系数在 1.7 ~ 1.8 时,较为理想。长绒棉的成熟系数通常在 2.0 左右,比细绒棉高。

2. 成熟度比(M)

成熟度比是指棉纤维细胞壁的实际增厚度(指棉纤维细胞壁的实际横截面积对相同周长的圆面积之比)与选定为 0.577 的标准增厚度之比。成熟度比越大,说明纤维越成熟。成熟度比低于 0.8 的纤维未成熟。

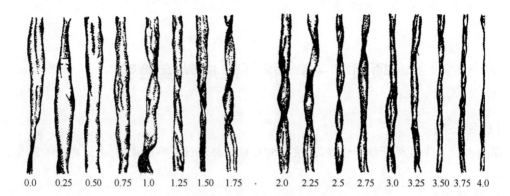

0.0　0.25　0.50　0.75　1.0　1.25　1.50　1.75　·　2.0　2.25　2.5　2.75　3.0　3.25　3.50　3.75　4.0

图 2 - 1　不同成熟系数的棉纤维形态

表 2 - 2　成熟系数与腔宽壁厚比值对照表

成熟系数	0.00	0.25	0.50	0.75	1.00	1.25
腔宽壁厚比值	30 ~ 32	21 ~ 13	12 ~ 9	8 ~ 6	5	4
成熟系数	1.50	1.75	2.00	2.25	2.50	2.75
腔宽壁厚比值	3	2.5	2	1.5	1.0	0.75
成熟系数	3.00	3.25	3.50	3.75	4.00	5.00
腔宽壁厚比值	0.50	0.33	0.20	0.00	不可察觉	

3. 成熟纤维百分率（P_M）

成熟纤维百分率是指在一个试验试样中,成熟纤维根数占纤维总根数的百分率。成熟纤维是指发育良好而胞壁厚的纤维,经氢氧化钠溶液膨胀后纤维呈无转曲状。不成熟纤维是指发育不良而胞壁薄的纤维,经氢氧化钠溶液膨胀后纤维呈螺旋状或扁平状,纤维胞壁薄且透明。

二、棉纤维成熟度的测定方法

棉纤维成熟度的测定方法较多,常用的有腔壁对比法、偏光仪法及氢氧化钠膨胀法等。

1. 腔壁对比法

腔壁对比法是通过显微镜目测棉纤维的中腔宽度与胞壁厚度的比值,以平均成熟系数作指标来检测棉纤维成熟度的高低。其计算式如下:

$$K = \frac{\sum K_i n_i}{\sum n_i} \qquad (2 - 2)$$

式中:K——平均成熟系数;

K_i——第 i 组纤维的成熟系数;

n_i——第 i 组纤维的根数。

根据需要还可以计算成熟系数的标准差、变异系数和未成熟纤维百分数(成熟系数在 0.75 及以下的纤维根数占测定纤维总根数的百分数)等指标。

2. 偏光仪法

采用棉纤维偏光成熟度仪,根据棉纤维的双折射性质,应用光电方法测量偏振光透过棉纤维和检偏片后的光强度。由于光强度与棉纤维的成熟度相关,成熟度高光强度强,成熟度低光强度弱,因而通过转化计算可求得棉纤维的成熟系数、成熟度比、成熟纤维百分率等指标。

3. 氢氧化钠膨胀法

将棉纤维浸入 18% 的氢氧化钠溶液中,由于钠离子包括被吸引的水分子和氢氧根离子,不仅能进入纤维的无定形区,而且会进入结晶区,从而引起纤维细胞壁的膨胀。根据膨胀后棉纤维的中腔宽度与胞壁厚度的比值及纤维形态,将棉纤维分类并计算其成熟比或成熟纤维百分率。

(1)成熟度比。

$$M = \frac{N - D}{200} + 0.7 \qquad (2-3)$$

式中:M——成熟度比;

　　　N——正常纤维的平均百分率;

　　　D——死纤维的平均百分率。

(2)成熟纤维百分率。

$$P_M = \frac{M'}{T} \times 100\% \qquad (2-4)$$

式中:M'——成熟纤维根数;

　　　T——纤维总根数。

☞ **任务实施**

一、操作仪器、用具及试样

显微镜或显微投影仪(放大倍数为 200 倍)、计数器、载玻片、盖玻片、限制器绒板、50mm 小钢尺、镊子、稀疏、挑针、胶水、18% ±0.2% 氢氧化钠溶液等。

二、测试标准

GB/T　13777—2006《棉纤维成熟度试验方法　显微镜法》,GB/T　6099—2008《棉纤维成熟系数试验方法》,GB/T　6529—2008《纺织品　调湿和试验用标准大气》。

三、操作步骤

1. 氢氧化钠膨胀法

(1)试样准备。

①从样品不同部位取 32 丛棉样,组成两份,每份约 10mg 的试验样品。

②将一份 10mg 的样品用手扯或用限制器绒板将一份试样纤维整理成平行且一端整齐平直、厚薄均匀、层次清晰的棉束,先用稀梳,后用密梳进行梳理,从棉纤维整齐一端梳去细绒棉 16mm 及以下的短纤维、梳去长绒棉 20mm 及以下的短纤维,然后从纵向劈开,分成大致相等的

五份小棉束。

③用手指捏住试验样品整齐的一端,梳理另一端,舍弃棉束两旁的纤维,在载玻片边缘上粘一些水,左手握住纤维的一端。右手用夹子从棉束另一端夹取数根纤维,均匀地排在载玻片上,将100根或以上的纤维全部排列在载玻片上。

④用挑针拨动载玻片上的纤维,使之保持平行、伸直、分布均匀,排列宽度约为25mm,轻轻地盖上盖玻片,并在其一角滴入18%氢氧化钠溶液,轻压盖玻片,使氢氧化钠溶液浸润每根纤维,并防止产生气泡。

⑤其他四份小棉束,按上述步骤备样;另一份试样重复上述步骤准备。

(2)调节显微镜。照度适中、照明均匀的视场,使纤维胞壁和中腔间的反差增强。

(3)测定成熟度。将载玻片放在显微镜的载物台上,使纤维中部处于视场中心,对纤维逐根观察分类并记录试样的各类纤维根数,测试纤维的成熟度比或成熟纤维百分率。

①测成熟度比:将被测的所有纤维分为三类,即正常纤维、死纤维、薄壁纤维,分别记录其根数。

②测成熟纤维百分率:将被测纤维分成成熟纤维与不成熟纤维,分别记录其根数。

2. 腔壁对比法

(1)从棉条中抽取棉样4~6mg,用手扯法整理,使之成为一端整齐的小棉束。用一号夹子、限制器绒板和金属梳子制作成一端平齐并除去短于16~20mm纤维的棉束。

(2)左手拿一号夹子夹住棉层整齐的一端;右手拿梳子,梳理另一端,舍去棉层两旁纤维,留下中间部分180~220根纤维。

(3)用干净软布将载玻片擦干净,放在黑绒板上。在载玻片边缘涂上些胶水,左手捏住棉束整齐一端,右手以夹子从棉束另一端夹取数根纤维均匀地排列载玻片上,连续排列直至排完为止。待胶水干后,用挑针把纤维整理平直,并用胶水粘牢纤维另一端,然后轻轻地在纤维上面放置盖玻片。

(4)将制得的片子放在低倍生物显微镜下依次逐根观察载玻片中部的纤维区段,根据腔壁比值决定其成熟系数,并加以记录。腔壁比值应在天然转曲中部纤维宽度的最宽处观察。若两壁厚薄不同,则可取其平均数,没有转曲的纤维也须在观察范围内最宽处测定。

(5)观察时,可在载玻片上纤维的中部划两条间隔线,间隔距离一般为2mm,沿间隔线范围内观察,一般观察一个视野来决定每根纤维的成熟系数。

(6)按下式计算结果,结果修约至小数点后第二位。

$$试样平均成熟系数 = \frac{\sum 各组根数 \times 成熟系数}{测定的总根数} \qquad (2-5)$$

$$未成熟纤维百分率 = \frac{成熟系数在0.75以下的纤维根数}{测定的总根数} \times 100\% \qquad (2-6)$$

(7)记录,完成检测报告。

结果记录

成熟系数	0.00	0.25	0.50	0.75	1.00	1.25	1.50
腔宽/壁厚	30~22	21~13	12~10	8~6	5	4	3
纤维根数							
成熟系数	1.75	2.00	2.25	2.50	2.75	3.00	3.25
腔宽/壁厚	2.5	2	1.5	1.0	0.75	0.5	0.33
纤维根数							
成熟系数	3.50	3.75	4.00	4.25	4.50	4.75	5.00
腔宽/壁厚	0.2	0.0	不可确定				
纤维根数							
纤维总根数							
平均成熟系数							
未成熟纤维百分率(%)							

项目2-4 纤维长度检验

【项目任务】

某公司送来2份纤维原料样品,1份棉纤维样品,1份羊毛纤维样品,要求测试这两种纤维的长度,并出具检测报告。

【项目要求】

1. 在学习查阅相关资料和标准的基础上,采用分组讨论的方式,制订工作计划,并写出实施方案。

2. 在教师的指导下,以小组为单位,学生在纺织检测实训室,按照标准分别进行测试操作。

3. 安全、规范地使用仪器及化学试剂,并做好实验场地的清洁整理工作。

4. 完成检测报告。

5. 小组互评,教师点评。

纺织纤维的长度是纤维的形态尺寸指标,与纺织加工及纱布质量有密切关系。棉、毛、麻等天然纤维的长度一般在25~250mm;化学短纤维则根据需要切成各种长度。由于各种纤维的长度差异很大,纺纱加工的机台规格和采用的工艺参数也需随之变化。因此,在商业贸易或工业生产中,纤维长度都是一项必测的品质指标。长度对产品质量的关系密切,当其他条件不变时,纤维越长,成纱中纤维之间接触面积越大,抱合力越好,纱的强度越高。特别当纤维的长度长且长度整齐时,纱的强度、均匀度较好,纱的表面光洁,毛羽少。

长度与纺纱加工的关系非常密切,纤维越长,开松、梳理时纤维越易缠结而产生棉毛粒等疵点。因此对长纤维必须采用比较缓和的工艺,在后纺加工中,则长纤维纱条强度不高,不易断头,捻系数可相应取得较低。纤维短则在前纺加工中成网困难,断头率高,细纱必须采用较高的捻系数,因而细纱机的产量较低。

一、纤维长度指标

表示纤维长度的指标很多,按测试仪器和方法而异。常用的有表示长度集中性的指标如主体长度、品质长度和重量加权平均长度等。还有某些长度特性指标如跨越长度等。

1. 主体长度

主体长度也称众数长度,是指棉纤维长度分布中,占重量或根数最多的一种长度。由于该方法是以重量加权的,所以主体长度必然落在重量最大的一组中,但一组的组距是 2mm,主体长度究竟在组中哪一点,还需要根据重量最大的一组重量和其相邻两组的重量关系求得。主体长度的计算公式为:

$$L_m = (L_n - 1) + \frac{2(G_n - G_{n-1})}{(G_n - G_{n-1}) + (G_n - G_{n+1})} \qquad (2-7)$$

式中: L_m——主体长度,mm;

L_n——重量最重一组长度的组中值,mm;

G_n——重量最重一组纤维的重量,mg;

G_{n-1}——比 L_n 短的相邻组的重量,mg;

G_{n+1}——比 L_n 长的相邻组的重量,mg。

n——纤维最重组的顺序数。

2. 品质长度

品质长度是指棉纤维长度分布中,主体长度以上各组纤维的重量加权平均长度。在纤维分布图上,长于主体长度的各组纤维都在图的右半部,所以品质长度又称右半部平均长度。其计算公式为:

$$L_p = L_n + \frac{\sum_{j=n+1}^{k} (j-n)dG_j}{Y + \sum_{j=n+1}^{k} G_j} \qquad (2-8)$$

$$Y = \frac{(L_n + 1) - L_m}{2} \times G_n \qquad (2-9)$$

式中: L_p——品质长度,mm;

d——相邻两组之间的长度差值(即组距,$d = 2mm$);

Y——L_m 所在组中长于 L_m 部分纤维的重量,mg;

k——最长纤维组的顺序数。

3. 重量加权平均长度

棉纤维长度分布中,以纤维重量加权平均得出的平均长度。计算公式为:

$$L = \frac{\sum\limits_{j=1}^{k} L_j G_j}{\sum\limits_{j=1}^{k} G_j} \qquad (2-10)$$

式中：L——重量加权平均长度，mm；

　　L_j——第 j 组纤维的长度组中值，mm。

　　G_j——第 j 组纤维的重量，mg

4. 短绒率

棉纤维中短于一定长度界限的短纤维重量（或根数）占纤维总重量（或总根数）的百分率。计算公式为：

$$R = \frac{\sum\limits_{j=1}^{i} G_j}{\sum\limits_{j=1}^{k} G_j} \times 100\% \qquad (2-11)$$

式中：R——短绒率；

　　i——短纤维界限组顺序数，其他同上。

短纤维长度界限因棉花类别而异：细绒棉界限为 16mm，长绒棉界限为 20mm。

5. 长度标准差与变异系数

长度标准差与变异系数的计算公式如下：

$$\sigma = \sqrt{\frac{\sum\limits_{j=1}^{k} (L_j - L)^2 \times G_j}{\sum\limits_{j=1}^{k} G_j}} \qquad (2-12)$$

$$CV = \frac{\sigma}{L} \times 100\% \qquad (2-13)$$

式中：σ——长度标准差，mm；

　　CV——长度变异系数。

二、纤维长度测试方法

1. 罗拉式分组测定法

采用 Y111A 型罗拉式长度分析仪，根据棉纤维长度分布特性，利用罗拉钳口控制长短纤维进行等距分组称重，求得长度分布等各项指标。仪器如图 2-2 所示，它由纤维引伸器和纤维分析器组成。

Y111A 型罗拉式纤维长度分析仪的上半部是一个可揭起的盖子，盖子上有弹簧和压板，撑脚上装有上罗拉，当压板嵌入支架的缺口并转动偏心杠杆时，弹簧便以 68.7N(7000gf) 的压力压住上罗拉。仪器的下半部是由下罗拉、蜗轮、蜗杆等组成，下罗拉的一端连接一个具有 60 个齿的蜗轮（其上刻有 60 个分度）。蜗轮与带有手柄的蜗杆啮合，旋转手柄一周，下罗拉转动 1/60r，下罗拉直径 19mm，1/60r 相当于周长 1mm。仪器前面装有溜板，用以支持棉束不致下垂，

图 2 - 2　Y111A 型棉纤维长度分析仪

并固定夹子在夹取纤维时的深度。

测定时,首先将纤维试验试样预先整理成一端整齐而层次分明的棉束,然后放入分析仪的罗拉中夹紧,转动罗拉,即可将纤维由长到短依次送出,最后分组称重、计算,求得主体长度、品质长度、平均长度、短绒率、均方差与变异系数等指标。罗拉式长度测定虽速度较慢,技术要求较高,但能测得较多的长度分布数据,所以纺织厂普遍采用。

2. 梳片式分组测定法

采用 Y121 型梳片式长度仪。它利用一组钢针梳片将试样整理成一端平齐的棉束,然后由长至短地将棉束中的纤维按长度分成若干组,分别称其重量,计算求得各项长度分布指标,包括上四分位长度(指自最长纤维至试样总重的 1/4 处的长度)、平均长度及短纤维率等。

3. 纤维照影仪和 HVI 法

采用纤维长度照影仪和 HVI 法。其原理是利用特制的梳夹在取样器上随机抓取纤维,经过梳理制成一个纤维平均伸直、均匀分布的试验须丛。通过照影仪曲线,确定纤维长度指标。

4. 手扯尺量法

长度检验手扯尺量法有一头齐法和两头齐法。用棉花手扯长度实物标准(GB　1103—2007)进行校准。手扯长度与 HVI 上半部平均长度相一致,是棉花计价的重要依据。

所谓手扯长度是用手扯尺量的方法所测的原棉中根数最多的纤维长度,简称长度。原棉手扯长度检验,就是从被检验的棉花中取出少量的棉样,经过手扯整理,使棉纤维伸直平行排列有序,找出具有代表性的众数长度即为手扯长度。手扯法有一头齐法和两头齐法两种,初学者一般先学习一头齐法。手扯尺量长度时,反复拉扯棉束,要求"稳、准、快",经常用长度标准棉样校对手法,在稳和准的基础上求快。影响手扯长度正确性的主要因素是手扯方法,包括所取棉束的数量、拉扯过程中的丢长弃短和整理成的棉束数量。手扯长度以 1mm 为级距,分成 25mm、26mm、27mm、28mm、29mm、30mm、31mm 七级,28mm 为长度标准级,分级范围如表 2 - 3 所示。五级棉花长度大于 27mm,按 27mm 计;六七级棉花长度均按 25mm 计。

表 2 - 3　手扯长度分级范围

长度级(mm)	25	26	27	28	29	30	31
分级范围(mm)	25.9 及以下	26.0 ~ 26.9	27.0 ~ 27.9	28.0 ~ 28.9	29.0 ~ 29.9	30.0 ~ 30.9	31.0 及以上

☞ 任务实施

一、操作仪器、用具及试样

Y111A 型罗拉式纤维长度分析仪,扭力天平,Y131 型梳片式长度仪,Y146 - 3B 型棉纤维光电长度仪,稀梳、密梳、黑绒板、镊子及小钢尺等用具。

二、测试标准

GB/T　19617—2007《棉花长度试验方法　手扯尺量法》;

GB/T　6098.1—2006《棉纤维长度试验方法　第 1 部分:罗拉式分析仪法》;

GB/T　6098.2—1985《棉纤维长度试验方法　光电长度仪法》;

GB/T　6501—2006《羊毛纤维长度试验方法　梳片法》。

三、操作步骤

1. 棉纤维采用手扯尺量法测试长度

(1)选取棉样。在需要坚定的棉样中,从不同部位多处选取有代表性的棉样约 10g,将所选的适量小样加以整理,使纤维基本趋于平顺。

双手平分有以下两种方法:

第一种,将选取的适量小样放在双手并拢的拇指与食指间,使两拇指并齐,手背分向左右,用力握紧,以其余四指作支点,两臂肘紧贴两肋,用力由两拇指处缓缓向外分开,然后将右手的棉样弃去或合并与左手重叠握持。

第二种,将选取的小样用两手捏拳状握紧,两手互相靠拢,手背向上,两手握紧棉样的食指对齐,左手拇指第二节与右手拇指第二节对齐,用力缓缓撕成两截,弃去右手的一半或合并于左手中重叠握紧。

以上两种方法都必须使双手平分后的小样截面呈鬃刷状,能伸出较顺的纤维,棉块基本上都被食指与拇指控制,以便于抽取薄层的纤维。

(2)抽取纤维。用右手的拇指与食指的第一节对齐,夹取截面多处纤维,每处抽取 3 次,将每次抽取的纤维均匀整齐地重叠在一起,做成适当的棉束。

(3)整理棉束。用右手清除棉束上的游离纤维、杂质、索丝及丝团等,然后用左手拇指与食指将棉束轻拢合并,给棉束适当压力,缩小棉束面积,使成为尖形的伸直平顺的棉束,以待抽拔。

(4)反复抽拔。将整理过的棉束,用右手压紧,以左手拇指与食指第一节平行对齐,抽取右手棉束中伸出的纤维,每次抽取一薄层,均匀排列。并随时清除纤维中的棉结杂物等,每次夹取的一端长度不宜超过 1.5mm,每次抽取整齐的一端,应放在食指的一条线上,使之平齐。拔成粗束后,以同样的方法反复抽拔 2 ~ 3 次,使其达到一端齐而另一端不齐的平直光洁的棉束。最后,棉束重量一般为 60mg 左右,长纤维可重些,短纤维可轻些。

(5)尺量棉束长度。将制成一端整齐的棉束,平放在黑绒板上,棉束无歪斜变形,用小钢尺刃面在整齐的一端少切些,参差不齐的一端多切些,两头均以不见黑绒板为宜。棉束两端的切痕相互平行,然后用小钢尺测量两切线间的距离,即为棉束的手扯长度。

(6)记录。

结果记录

编号	手扯长度
1	
2	
3	
4	
5	
合计	

2. 棉纤维采用光电仪法测试长度

(1)仪器调整及校检。

①接通电源,放下灯架,预热 15~20min,调整满度值,观察 5min,若满度变化不超过 ±0.5,说明仪器已达到稳定状态,否则需延长预热时间。

②透光量由满度电位器调整,它由粗调和细调两个电位器组成。粗电位器在机内,用小螺丝刀调节。细调多圈电位器在外部,由旋钮调节。正常满度调节用细调电位器,若达不到满度值时,再用粗调电位器。方法如下:细调多圈电位器调节器至最大值,再调粗调电位器,显示值在 105%~110%,再调细调电位器直至满度 100.0%。

③光电读数由 7107 组成四位 LED 数字电压表。基准电压 100mV,即为满度透光量,起点和终点的对照表的数字已省去百分号。

④长度调整:顺时针方向转动手轮,梳架下降至起始点,手轮红线和仪器右侧红点重合(此时起始点间距为 6.3mm)。用螺丝刀调整调零电位器,显示 8.5。逆时针方向转动手轮,梳架上升,手轮转动 4 圈,调满度电位器,显示 31.2,起点和满度反复调整两次。

⑤标准棉样校检:标准棉样校验应在标准温湿条件下标定(温度 20℃±2℃,相对湿度 65%±3%),长度误差不大于 ±0.5mm。考虑用户设备条件有限,可采用相同温湿度条件下,比较测量的方法。方法为:将标准棉样和被测棉样及仪器放在同一环境条件下充分平衡,若标准棉样的标准值为 28.8mm,仪器显示的平均值为 28mm,用螺丝刀调整满度电位器至 28.4mm,然后再进行被测棉样的测试。试验结束后应恢复长度标尺,手轮从起始点开始转 4 圈后,调满度电位器至 31.2 即可。

(2)取样。

①按照 GB 6097—2012《棉纤维试验取样方法》,从制备的实验样品中取 5 克左右的试验样品。

②将每份试样充分混合均匀后,扯成棉条状试样备用。

（3）试样制备。

①从棉条状试样中顺序取出正好够一次测试用的棉纤维，稍加整理使之呈束状，去掉紧棉束和杂质，但不宜把纤维过分拉直。

②一手握持一把梳子，梳针向上，另一手握持稍加整理的纤维束，握力适中。将全部棉纤维平直、均匀、一层一层地梳挂在梳子上，不得丢掉棉纤维。一手握持挂有试样须丛的梳子，梳针向下；另一手握持另一把空梳子，梳针向上，进行对梳。然后两手交换梳子反复进行梳理。梳理时必须从须丛的梢部到根部逐渐深入平行梳理，并且要循序渐进，用力适当，避免拉断纤维。直至两把梳子上梳挂的纤维量大致相等，纤维平直均匀。其间发现疵点、不孕子或小紧棉束时应予以剔除。

（4）试验步骤。

①翻上灯架，将两把挂有纤维经梳理后的梳子，分别安置在两个梳子架上。用小毛刷轻松地自上而下分别将两把梳子上的试验须丛压平、刷直，并刷去纤维梢部明显的游离的纤维，刷的次数为 2～3 次（小毛刷上的纤维应随时清除干净，以备下次使用）。

②翻下灯架（每次灯架必须放到底，以确保光电值一致）。此时透光量读数应在 33%～40% 范围内（称起点读数），并记住这一读数。如果在范围之外，表示纤维数量过少或过多，应取下梳子，增减纤维量，重新按上述方法梳理。

③逆时针方向转动手轮，试验须丛逐渐上升，通过光路试验须丛由厚逐渐变薄，光电读数随之变大，当读数与面板上对照表（起始、终点读数对照表）的终点读数相同时，停止转动手轮，此时长度显示器显示光电长度，单位为毫米。

④翻上灯架，取下梳子，随即再翻下灯架，保证硅光电池稳定工作，然后顺时针方向转动手轮，降下输架，回到起始点，使手轮红线与仪器右侧红点重合。

⑤每份棉条状试验样品制作 3 个试样，试验 3 次，3 次试验结果的算术平均值作为该棉样的光电长度值，平均光电长度值修正至一位小数。

（5）记录。

结果记录

实验次数	长度（mm）
1	
2	
3	
平均值	
修正值	

3. 羊毛纤维采用梳片式分组测定法测试长度

（1）从品质试样中任意抽取试样毛条三根。每根长约 50 cm，先后将三根毛条用双手各持一端，轻加张力，平直地放在每一架分析仪上。三根毛条须分清，毛条一端露出 10～15 cm，每根毛条用压叉压入下梳片针内，宽度小于纤维夹子的宽度。

（2）将露出梳片的毛条，用手轻轻拉去一端，离第一下梳片5cm（支数毛）或8cm（改良级数毛与土种毛）处，用纤维夹子夹取纤维，使毛条端部与第一下梳片平齐。然后，将第一梳片放下，用纤维夹子将一根毛条的全部宽度的纤维紧紧夹住，从下梳片中缓缓拉出，并用梳片从根部开始梳理两次，去除游离纤维，每组夹取三次，每次夹取长度为3mm。

（3）将梳理后的纤维转移到每两架分析仪时，用左手夹住纤维，防止纤维扩散，并保持纤维平直。纤维夹子钳口靠近第二梳片，用压叉将毛条压入针内，并缓缓向前拖曳，要使毛束头端与第一梳片的针内侧平齐。在每次拉取前，要修去游离纤维，使毛束端部平齐。三根毛条继续数次，在第二架分析仪上的毛束宽度在10cm左右，重量在2.0~2.5g，停止夹取。

（4）在第二架分析仪上，加上四片上梳片，将分析仪转身，放下梳片，至纤维露出梳片外为止，用纤维夹子夹取各组纤维，然后分别用扭力天平称重。

（5）试验以两次算术平均数为其结果。如短毛率两次试验结果差异超过两次平均数的20%时，要进行第三次试验。

四、任务拓展

纺织纤维长度的测试方法很多，在实际测试中，应根据不同的纤维品种选择不同的测试方法。除了任务中的棉纤维和羊毛纤维，可以选择苎麻等材料再进行长度的测试。

项目2-5　纤维细度检验

【项目任务】

某公司送来2份纤维原料样品，1份棉纤维样品，1份羊毛纤维样品，要求测试这两种纤维的细度，并出具检测报告。

【项目要求】

1. 在学习查阅相关资料和标准的基础上，采用分组讨论的方式，制订工作计划，并写出实施方案。

2. 在教师的指导下，以小组为单位，学生在纺织检测实训室，按照标准分别用中段切断称重法和纤维细度分析仪法进行测试操作。

3. 安全、规范地使用仪器及化学试剂，并做好实验场地的清洁整理工作。

4. 完成检测报告。

5. 小组互评，教师点评。

一、纤维细度指标

细度是指纤维的粗细的程度，分直接指标和间接指标两种。直接指标一般用纤维的直径和截面积表示。由于纤维的截面积不规则，且不易测量，通常用直接指标表示其粗细的时候并不多，所以一般采用间接指标表示。间接指标是以纤维的质量或长度确定，即定长或定重时纤维所具有的质量(定重值)或长度(定长值),在国际单位制中通常以单位长度的纤维质量,即线密度(Lineardensity)表示。

细度是纺织纤维的重要指标。在其他条件相同的情况下,纤维越细,可纺纱的线密度也越细,成纱强度也越高;细纤维制成的织物较柔软,光泽较柔和。在纺纱工艺中,用较细的纤维纺纱可降低断头率,提高生产效率,但纤维过细,易纠缠成结。

纤维和纱线的线密度指标有直接指标和间接指标两大类。

1. 直接指标

纺织材料细度直接指标有直径、投影宽度和截面积、周长、比表面积。截面直径是纤维主要的细度直接指标,它的量度单位用微米(μm),只有当截面接近圆形时,用直径表示线密度才合适。目前,纤维的常规试验,羊毛采用直径来表示其细度。

2. 间接指标

纤维细度的间接指标有定长制和定重制。它们是利用纤维长度和重量间的关系来间接表示纤维的细度。

(1)线密度。是指一定长度纤维的重量。它的数值越大,表示纤维越粗。法定计算单位为特克斯(tex),特克斯是指 1000m 长纤维在公定回潮率时的重量克数,其计算式为:

$$Tt = \frac{G_K}{L} \times 1000 \qquad (2-14)$$

式中:Tt——纤维线密度,tex;

　　L——纤维长度,m;

　　G_K——纤维公定重量,g。

分特克斯(N_{dtex})是指 10000m 长纤维的公定重量数。其计算式为:

$$Tt = \frac{G_K}{L} \times 10000 \qquad (2-15)$$

式中:Tt——纤维分特数(dtex);

分特克斯(dtex)等于 1/10tex,特克斯的 1000 倍为千特克斯 ktex(千特);特克斯的千分之一为毫特克斯 mtex(毫特)。

特克斯为足长制,如果同一种纤维的特数越大,则纤维越粗。

(2)纤度。纤度是纤维细度的非法定计量单位,是绢丝、化纤的常用指标。其单位为旦尼尔,是指 9000m 长纤维在公定回潮率时的重量克数。其计算式为:

$$N_d = \frac{G_K}{L} \times 9000 \qquad (2-16)$$

式中:N_d——纤维旦尼尔数,旦。

纤度为定长制,如果同一种纤维的旦数越大,则纤维越粗。

(3)公制支数。是指一定质量纤维的长度,它的数值越大,表示纤维越细。其中,常用的细度单位公制支数是指在公定回潮率时每克纤维或纱线所具有的长度米数。其计算式为:

$$N_m = \frac{L}{G_K} \qquad (2-17)$$

式中:N_m——纤维的公制支数,公支。

公制支数为定重制,如果同一种纤维的公制支数越大,则纤维越细。

(4)英制支数。棉型纱线在英制公定回潮率(9.89%)时,重1磅(lb)的棉纱线,具有840码(yd)的倍数。其数值越大,表示纤维越细。其计算式为:

$$N_e = \frac{L_e}{K \times G_{ek}} \qquad (2-18)$$

式中:N_e——英制支数,英支;

    L_e——纱线试样长度,码,1码≈0.9144m;

    G_{ek}——在公定回潮率时的纱线重量,磅,1磅≈453.6g。

    K——系数(纱线类型不同,其值不同,棉纱$K=840$,精梳毛纱$K=560$,粗梳毛纱$K=256$,
        麻纱$K=300$)。

如重1磅的棉纱回潮率9.89%时长度有32个840码,则此棉纱为32英支。

英制支数为定重制,如果同一种纤维的英制支数越大,则纤维越细。

二、细度指标的换算

1. 线密度和公制支数的换算关系

$$Tt = \frac{1000}{N_m} \qquad (2-19)$$

2. 线密度和纤度的换算关系

$$Tt = \frac{1}{9}N_d \qquad (2-20)$$

3. 线密度和英制支数的换算关系

$$Tt = \frac{583.1}{N_e}(纯棉)$$

$$Tt = \frac{590.5}{N_e}(纯化纤)$$

$$Tt = \frac{587.6}{N_e}(涤65/棉纱35) \qquad (2-21)$$

三、纤维细度的测试方法

1. 称重法

称重法包括逐根测量单根纤维长度后称重。束纤维定长切断称重。

2. 气流仪法

气流仪法是利用气流通过纤维产生的阻力大小,推求纤维比表面积,从而可以求取纤维细度大小,棉纤维气流法所测结果与纤维线密度和成熟度有关。

3. 投影直径法

投影直径法包括光学投影测量纤维直径、液体分散法测量单根纤维直径以及气流分散法测量单根纤维直径等。

4. 单根纤维振动法

测量纤维线密度,采用弦振动原理,测量在一定振弦长度和张力下的纤维固有振动频率,由弦振动公式自动计算单根纤维的线密度,线密度测量范围0.6~40dtex。近年来,国际化学纤维检验方法标准(ISO 5079—1995 和国际化学纤维标准化局发布的 BISFA 试验方法标准)推荐优先采用"振动式纤维细度仪"与强伸仪联机测试纤维比强度和线密度,我国标准与国际标准试验原理相同。

5. 纺织纤维细度分析系统测试法

采用专业的分析软件,测试过程中实时显示每次检测点局部图形及数据,可以测得各类纤维截面形态面积等。

👉 任务实施

一、操作仪器、用具及试样

Y171 型纤维切断器(图 2-3),Y175A 型棉纤维电子气流仪,纺织纤维细度分析系统(图 2-4),棉、羊毛、限制器黑绒板,一号夹子,梳子(稀梳、密梳),扭力天平(称量 10mg),显微镜(或投影仪),镊子,甘油,载玻片,盖玻片。

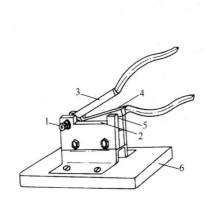

图 2-3　Y171 型纤维切断器

1—短轴　2,5—切刀　3—上夹板　4—下夹板　6—底座

图 2-4　纤维细度分析系统

二、测试标准

GB/T 6100—2007《棉纤维线密度试验方法　中段称重法》;

GB/T 6498—2004《棉纤维马克隆值试验方法》;

GB/T 14335—2008《化学纤维　短纤维线密度试验方法》;

GB/T 10685—2007《羊毛纤维直径试验方法投影显微镜法》。

三、操作步骤

1. 棉纤维采用中段切断法测试细度

（1）取样。从试样棉条中取出一定重量的棉样,使棉样中纤维根数为1500～2000根(一般为8～10mg)。

（2）整理棉束。用手扯法及限制器黑绒板和一号夹子将纤维整理呈平直状,一端平齐的5～6mm的棉束。

（3）梳理。用一号夹子夹住棉束平齐端的5～6mm处,先用稀梳,后用密梳,从棉束尖端开始,逐步靠近夹持线进行梳理,梳去棉束中的游离纤维。再用另一夹子,使棉束平齐端伸长度为16～20mm,用稀、密梳子整理伸出在夹子外面的纤维,此时短于16mm或20mm的纤维因未被夹子夹住而被梳去(表2-4)。

表2-4　棉束整理和切断时的技术要求

手扯长度	梳去短纤维长度(mm)	棉束切断时整齐端外露(mm)
31mm及以下	16	5
31mm以上	20	7

（4）切取。将梳理后的棉束折叠成一端平齐的棉束,放在纤维中段切取器的上、下夹板之间,纤维要与夹板边缘垂直。夹板的宽度为10mm。放置时须将棉束平齐端伸出夹板5～7mm。双手握持棉束两端,使纤维平行伸直所受张力均匀,然后夹拢夹板,往下按过切刀,纤维被切断,以保证切割下来的每根纤维长度都是10mm。

（5）预处理。为了消除因回潮率不同而引起的重量差异,应将中段和两端的纤维放置在标准大气条件下(室温20℃±3℃、相对湿度65%±3%)放置2h。如试验试样回潮率高于标准回潮率时,还应放入45～500℃的烘箱中进行预调湿处理30min。

（6）称重。用扭力天平分别称取中段及头尾纤维重量,并作记录。

（7）计数。在载玻片的两边涂上少许胶水,将称得的中段纤维分别不重叠地平铺在载玻片上,使纤维与胶水粘住,再用盖玻片覆盖后,放在放大倍数为150～200倍的显微镜或投影仪下进行逐根计数,记下每片的总根数。

（8）结果计算。

①线密度:

$$Tt = \frac{10^3 \times G_c}{L_c \times n_c} \qquad (2-22)$$

式中:Tt——线密度,tex;

G_c——中段纤维重量,mg;

L_c——中段纤维长度,为10mm;

n_c——中段纤维根数。

②公制支数:

$$N_m = \frac{10 \times n_c}{G_c} \qquad (2-23)$$

式中:N_m——公制支数。

③每毫克纤维根数(供强力测试计算时用):

$$n = \frac{n_c}{G_c + G_t} \tag{2-24}$$

式中:n——每毫克纤维根数;

G_t——头、尾纤维重量,mg。

(9)记录。

结果记录

试验次数	1	2	3	平均
中段纤维重量 G_c(mg)				
两端纤维重量 G_t(mg)				
中段纤维根数				
公制支数				
每毫克纤维根数				

2. 气流法测试棉纤维细度

(1)试样准备。

①试样置于温度20℃±2℃,相对湿度65%±3%的条件下调湿,时间不少于4h。

②称样和马克隆值(Mic)检测在上述标准下进行。

③用标准棉样校正时,应把被测棉样和标准棉样在相同温湿度的条件下放置24h。

④按GB/T 6079—2012《棉纤维试验取样方法》规定取出试验样品26g。

⑤样品除去杂质,调湿后各取两个8g左右的棉样。

(2)测试。

①开机,接通220V电源,接上电磁空气泵,开机30min,方可正常操作。

②按"确认"键进入功能操作屏。显示如图2-5所示。

```
8克棉样测试
7.5~8.5克棉样测试
校准砝码校正
标准棉样校正
```

图2-5　显示屏图样

③8克棉样测试。

a. 在功能操作屏上,当手指指向"8克棉样测试"时,按下"确认"键。显示如图2-6所示。

b. 观察重量显示是否为0.00g,若不为零,可以一次或多次按"消零"键,重量显示为零。再将8g砝码放入称盘中,重量显示为8.00g。若误差大于±0.01g,可在功能操作屏上选择"标准砝码校正",重新进行重量校正。

8克棉样测试 ××组	第三次：×.×× Mic
重量：×.××克	平均值：×.×× Mic
第一次：×.×× Mic	等 级：×
第二次：×.×× Mic	公制支数：××××

图2-6　显示屏图样

c. 将待测棉样放在称量盘上，显示重量8.00g。

d. 按"确认"键，箭头指向第一次，将棉样放入试样筒中，拧紧试样筒盖，约5s待气压平衡后，按"测试"键，显示第一次测试 Mic 值。

e. 称第二次棉样重量，放入试样筒内，按"确认"键，箭头向下指向第二次，现按"测试"键，显示第二次测试 Mic 值。

f. 如果两次试样测出的数值差异小于±0.1Mic，将自动显示两次测量马克隆值的平均值，马克隆等级和公制支数。否则要进行第三次测试。

g. 当第一组棉样测试结束后，按"确认"键，显示第二组棉样测试，放入试样称重，再按"确认"键，待出现箭头后，放入棉样测试。

h. 进行棉样测试两组及两组以上，可按"统计"键，显示如图2-7所示。如有需要，每次测试数据可以打印出来。

数据统计	
平均值：×.×× Mic	δ= ×.××
最小值：×.×× Mic	Cv= ×.××
最大值：×.×× Mic	Nm=××××

图2-7　显示屏图样

④7.5~8.5克棉样测试。测试棉样在7.5~8.5g均可，测试方法同"8克棉样测试"。在称棉样重量后应先按"确认"键，再把棉样放入试样筒，以便于单片机根据不同重量来进行修正，测出来的数据和8克棉样测出的数据基本相同。在测试棉样不多，不需要快速测试时，此方法不用为好。

⑤重量校正。在功能操作屏中，当手指指向标准砝码校正，按"确认"键，显示如图2-8所示。重量显示为零，若不为零，按"▼"键，保存零点，应显示"0.00克"。然后将标准8g砝码放在试样盘上，显示屏应显示8.00g，若不是，则按"▲"键保存满度，再按"返回"键返回到功能操作屏结束重量校正。

校准砝码校正
重量：×.××克
按[▲]键保存满度
按[▼]键保存零点

图2-8　显示屏图样

⑥标准棉样校正。

a.在功能操作屏中,当手指指向标准棉样校正,按"确认"键,显示如图2-9所示。棉纤维在不同温湿度环境中的透气性是不同的。在常温下使用必须先进行棉样校正,以保证测试的准确性。应先取三个标准棉样和被测棉样在相同温湿度条件下放置24h,待平衡后再进行校正。

低值棉样校正	试样重量
第一次测试:×.××Mic	×.××克
第二次测试:×.××Mic	平均值:×.××Mic
低值棉样输入:×.××Mic	

图2-9 显示屏图样

b.先进行低值标准棉样校验。将8g低值棉样放入试样盘称准后按"确认"键,将低值标准棉样放入试样筒,待气压平衡5s后,可按"测试"键进行测试。然后将第二份低值标准棉样放入试样筒进行第二次测试,测试结束后显示平均值。

c.常温条件下标准棉样标定值和测试值是不一致的。应将低值标准棉样的标定值通过"▲"、"▼"、"►"键进行输入。键入数值后,按"确认"键即可将屏幕切换到高值标准棉样校正。

d.高值标准棉样和标定值输入与低棉样相同。

e.中值棉样校正主要对校准后的仪器进行核对(测试同上)。若核对显示值与此标准棉样的标称值差异不超过0.1Mic值,则认为该仪器已校正,可进行正常测试。若差异超过0.1Mic值,则重复上述步骤重新校正。校正结束后按"返回"键返回到功能操作屏,结束棉样校正。

f.没有标准棉样的用户,可以使用仪器所配的标准塞对仪器进行校验,校验方法和标准棉样相同。

(3)记录。

结果记录

实验次数	马克隆值(Mic)
1	
2	
3	
平均值	
马克隆等级	
纤维平均公制支数	

3.羊毛纤维采用纤维细度分析系统测试细度

(1)纤维纵向制片。取试样一束,以手扯法整理平直,用右手拇指与食指夹取纤维20~30

根,按在载玻片上,用左手覆上盖玻片,这样使夹取的纤维平直地按在载玻片上,滴上甘油,盖上盖玻片。

(2)启动软件。

①打开计算机。

②双击计算机桌面上的"纤维分析"图标,出现系统登录画面,输入系统密码后,鼠标左键单点"确定"按钮(如果没有设定密码,直接点击"确定"按钮)即可进入系统软件主画面,系统处于图像击活状态。

(3)比例尺标定。

①将物镜测微尺放在显微镜物镜下,并调整显微镜的放大倍数,运行本系统,使图像活动;调焦显微镜使参照尺影像清晰成像在计算机屏幕上。

②转动摄像头使物镜测微尺水平、垂直刻度线与图像窗口的水平和垂直方向平行;鼠标左键点击"标尺标定"菜单,屏幕出现一十字型标定光标。

③用鼠标左键拖动或键盘上的上、下、左、右箭头键移动十字光标到参照尺刻度线的一边,并点击键盘"F1"功能键,这样使系统知道物镜测微尺的位置,并留下一十字型光标,继续用鼠标左键拖动或键盘的上、下、左、右箭头键移动十字光标到参照尺刻度线的另一边,并点击键盘"F2"功能键,确定终止位置。

④系统立即显示输入参照尺实际输入窗,用户输入物镜测微尺起始位置到终止位置的实际物理尺寸后,鼠标左键点击"确定"按钮即可,这样一个方向(水平或垂直方向)就标定完成了。

⑤当两个方向都标定完成后,系统会出现输入显微镜放大倍数的输入框,用户输入显微镜放大倍数后点击"确定"按钮,此时十字标定光标消失,表示已标定完成。

⑥标定完成后点击"存储标尺",表示该标定已被存储。

⑦点击"选择标尺",选择相应放大倍数的标尺,设为默认值。

(4)纤维测量选项。

①在操作系统主画面右侧的纤维测量选项窗口中,首先在"测评标准"中选择需要的纺织品检验标准。

②在"选择纤维"提供的列表框中选择待测纤维的名称"羊毛"。

(5)纤维直径测量。

①把制好的纤维样放在显微镜载物台上,选择与默认标尺相同放大倍数的物镜,调焦显微镜,使纤维纵向影像清晰成像在计算机屏幕上。

②在系统主菜单"纤维测量"中选择"纤维直径测量"菜单。

③在系统主菜单"测量方式"中选择"鼠标方式"。

④移至屏幕图像区,鼠标显示形状呈"+"形。用户在图像区域被测目标的起始位置点压鼠标左键,并且压住鼠标左键拖至到被测目标的终止位置后,抬起鼠标即可完成一次测量。测量完后点击浏览菜单可以进行测量结果预览及测量数据的删除。

(6)记录。

结果记录

实验次数	材料名称	
1		
2		
3		
4		
5		
6		
7		
8		
9		
10		
平均值(μm)		
CV 值		
标准差(S)		

四、任务拓展

纺织纤维细度的测试方法很多,在实际测试中,应根据不同的纤维品种选择不同的测试方法。除了任务中的棉纤维和羊毛纤维,可以选择一些化学纤维、蚕丝等材料再进行细度的测试。

项目2-6　纤维水分检验

【项目任务】

某公司送来2份纤维原料样品,1份原棉、1份蚕丝,要求测试这两种纤维的水分,并出具检测报告。

【项目要求】

1. 在学习查阅相关资料和标准的基础上,采用分组讨论的方式,制订工作计划,并写出实施方案。

2. 在教师的指导下,以小组为单位,学生在纺织检测实训室,按照标准分别用电测法和烘箱法进行测试操作。

3. 安全、规范地使用仪器及化学试剂,并做好实验场地的清洁整理工作。

4. 完成检测报告。

5. 小组互评,教师点评。

一、吸湿指标

1. 回潮率(W)

规定条件下测得的纺织材料中水分的含量,以试样烘前质量与烘干质量的差数对烘干质量的百分率表示。

$$W = \frac{G_a - G_0}{G_0} \times 100\% \qquad (2-25)$$

式中:W——回潮率,%;

G_a——湿量,g;

G_0——干量,g。

2. 含水率(M)

规定条件下测得的纺织材料中水分的含量,以试样的烘前质量与烘干质量的差数对烘前质量的百分率表示。

$$M = \frac{G_a - G_0}{G_a} \times 100\% \qquad (2-26)$$

二、测试方法

纺织材料水分含量的测定方法大致可分为直接测定法和间接测定法两类。直接测定法有烘箱干燥法、红外线干燥法及真空干燥法等。间接测定法有电阻测湿法和电容测湿法等。其中烘箱法是国家标准中规定的测试方法。

烘箱法原理:试样在烘箱中暴露于流动的加热至规定温度的空气中,直至达到恒重。烘燥过程中的全部质量损失都作为水分,并以含水率和回潮率表示。

烘箱应为通风式烘箱,通风型式可以是压力型或对流型;具有恒温控制装置,烘燥全过程,试样暴露处的温度波动范围为±2℃;试样不受热源的直接辐射;烘箱应便于空气无阻碍地通过试样,接近试样处的气流速度应大于0.2m/s,最好不超过1m/s;换气速度即每分钟内供应的空气量至少应为箱内空气体积的1/4。当烘箱装有联装天平时,应配备能关断气流的装置。

称重方法有以下三种:

1. 箱内热称

因箱内温度高,空气密度小,对试样的浮力小,故干重偏重。所以回潮率偏小,但箱内热称操作比较简单,是目前常用的方法。

2. 箱外热称

试样间仍为热空气,密度小于周围空气,有上浮托力,干重偏轻,故回潮率偏大。另外,在空气中要吸湿,使重量偏大,所以结果稳定性差,不常用。

3. 箱外冷称

密闭后在干燥器中冷却30min后称,精确,但费时。当试样较小,要求较精确,须采用此方法。

烘箱法测定回潮率时,虽然通过排气扇交换空气,把水气排出箱外,但是实验室内空气总有一定的含湿量,故纤维不可能真正的烘干,有残余回潮率。所以国家规定吸湿性测试要在标准大气环境中进行,否则要进行修正。

烘箱内试样暴露处的温度应保持在表 2-5 所示的范围内。

表 2-5　几种纤维所规定的烘箱内温度范围

纤维种类	烘箱温度范围(Y802 型)(℃)
蚕丝	140 ±5
腈纶	110 ±3
氯纶	70 ±2
其他所有纤维	105 ±3
	(半封闭式 Y802A 型烘箱为 105～110)

注　当有协议时,也可采用其他温度,但须在试验报告中说明。

☞任务实施

一、操作仪器、用具及试样

Y412A 型原棉测湿仪(图 2-10),链条天平(称量为 200g,分度值为 100mg),试样,Y802A 烘箱(图 2-11)。

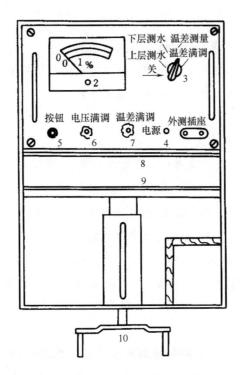

图 2-10　Y412A 型原棉测湿仪

1—表头指针　2—小螺丝　3—校验开关　4—电源　5—按钮
6—电压满调电位器　7—温差满调电位器　8,9—两极板　10—压力器

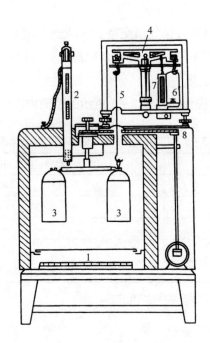

图 2 - 11　烘箱基本结构

1—加热部分　2—接触温度计　3—铝制烘篮　4—链条天平　5—挂钩
6—称盘　7—增减链条装置　8—辅助部分(铝烘箱转动装置、排气装置)

二、测试标准

GB/T　6102.1—2006《原棉回潮率试验　烘箱法》;

GB/T　9995—1997《纺织材料含水率和回潮率的测定　烘箱干燥法》;

GB/T　6503—2008《合成短纤维回潮率试验方法》。

三、操作步骤

1. 棉纤维采用电测法测试水分

(1)打开底座,将干电池装入电池盒,注意电池的正负极与盒盖上的标记相符合,切勿接错。

(2)检查表头指针1是否与起点线重合,不重合则用小螺丝刀缓慢旋动表头下方的小螺丝2,使表头指针与起点线重合(注意:检查时不开启电源)。

(3)将校验开关拨至"满度调整"挡,然后开启电源开关。这时表头指针立即向右偏转,指针应指示满度。如有偏移,则应旋转"满度调整"旋钮,使指针与终点线重合,调好后关闭电源。

(4)从试样筒中取出棉样。这时对硬块棉样应撕松,大的杂质也应拣去。用天平称取50g±5g棉样。

(5)将称得的试样迅速撕松,并均匀地放入箱体两极板之间,盖好玻璃盖,旋转手柄,对试样施加一定压力,使压力器指针尖端指到小红点处[此时两极板间压力为735N(75kgf)左右]。

(6)将检验开关拨至"上层测水"或"下层测水"。棉纤维含水率一般在6% ~12%。使用上层测水,含水率在8% ~15%;使用下层测水,测量值一般在25% ~75%的测量范围中较为可靠。然后开启电源开关,指针立即偏转,待指针稳定后,记下读数。再将检验开关拨至"温差测量"待指针稳定后,记下读数。此时表上指针所指读数就是温差修正值。将此数值与测定原棉水分时记下的读数进行修正,即得原棉的含水率,再查表折成回潮率。

(7)关闭电源,退松压力,取出试样。

(8)按 GB　6102.2—2006 原棉水分含量指标应用回潮率。现因仪器未更新,仍暂用含水率,再折算成回潮率。做好记录,完成检测报告。

结果记录

次数	测水读数值	温差读数值	含水率(%)
1			
2			
3			
平均含水率(%)			
回潮率(%)			

2. 用烘箱法测定纺织纤维的水分

(1)正链条天平。检查、调节天平的水平、零位,并在天平一端挂上天平挂钩及铝制烘篮,另一端挂砝码,使得天平平衡。

(2)根据所测试样种类,参照表 2-5 调节接触温度计的接触点,使烘箱内温度在一定范围内。

(3)称取 50g 试样。称取时,动作必须敏捷,以防止试样在空气中吸湿或放湿。每称准一个试样不应超过 1min。

(4)将称好的试样用手撕松。撕样时下面放一光面纸,撕落的杂物和短纤维应全部放回实验试样中。撕样时发现的棉籽、油棉和特殊杂物等,应拣出并以相同质量的棉样替换。经撕松的试验试样放入烘篮内,并充满烘篮容积的 1/2 ~ 2/3。

(5)从箱内取出铝制烘篮,将以撕松并称重的纤维试样放入铝制烘篮中。待烘箱温度达到纺织材料所规定的范围时,开启箱门,将铝制烘篮挂入篮托架上,关闭箱门,记录入箱时间。

(6)试样入箱,待箱内温度稳定后,将气孔全部打开,使骤然受热的纺织纤维蒸发水分。约 30min 后,将气孔关闭一半左右,使箱内湿空气尽量排出箱外。

(7)烘原棉时烘至 45min 时,应开箱翻样一次,即上、下面试样翻个身。在翻样时,动作必须迅速,以免原棉吸湿。烘化学短纤维时,可不必开箱翻样。

(8)在烘箱内将试样烘至质量不再改变为止,即为干量。将试样烘至 90min 时,关闭总电源,停 1min,进行第一次箱内称重,做好记录。称毕后,重新开启总电源,待箱内温度回升至规定温度后继续烘 15min 后,进行第二次称重。直至前后两次质量差异不超过后一次质量的 0.05% 时,则后一次质量即为干重。

(9)计算结果,做好记录,完成检测报告。

结果记录

材料名称	湿重(g)	烘后称重(g)				干重(g)	回潮率(%)	含水率(%)
		第一次	第二次	第三次	第四次			
1								
2								
3								
4								

四、任务拓展

对几种常见纺织纤维的回潮率采用不同的方法进行测试,对测试结果进行比较分析,找出测试结果出现差异的原因。

项目2-7 纺织纤维切片制作

【项目任务】

某公司送来2份纤维原料样品,要求制作这两种纤维的切片,并用生物显微镜观察纤维切片的截面形态,出具检测报告。

【项目要求】

1. 在学习查阅相关资料和标准的基础上,采用分组讨论的方式,制订工作计划,并写出实施方案。

2. 在教师的指导下,以小组为单位,学生在纺织检测实训室,按照标准制作纤维的切片,使用显微镜观察纤维截面形态。

3. 安全、规范地使用仪器及化学试剂,并做好实验场地的清洁整理工作。

4. 完成检测报告。

5. 小组互评,教师点评。

使用普通生物显微镜可以观察各种纺织纤维的纵向和横截面的形态。天然纤维有其独特的形态特征,因此不仅可以用来鉴别纤维,同时对纱质量和产品性质也有影响。各种纺织纤维的纵向和横截面形态特征如表2-6所示。

表2-6 各种纺织纤维的纵向和横截面形态特征

纤维种类	纵向形态	横截面形态
棉	天然转曲	不规则腰圆形,有中腔
苎麻	横节竖纹	不规则腰圆形,有中腔,胞壁有裂纹

纤维种类	纵向形态	横截面形态
亚麻	横节竖纹	不规则多角形,中腔较小
黄麻	横节竖纹	不规则多角形,中腔较大
大麻	横节竖纹	不规则圆形或多角形,有不同形状的内腔
羊毛	鳞片环状或瓦状	近似圆形或椭圆形,有的有毛髓
山羊绒	环状鳞片	圆形
兔毛	斜条状鳞片	绒毛非圆形有一个髓腔,粗毛腰圆形有多个髓腔
桑蚕丝	平滑	不规则的三角形
柞蚕丝	平滑	扁平的不规则三角形
黏胶	有 1～2 根沟槽	锯齿圆形,有皮芯结构
富强纤维	平滑	圆形
醋酯纤维	平滑,有 1～2 根沟槽	不规则
腈纶	平滑,有 1～2 根沟槽	圆形或哑铃形
维纶	平滑	腰圆形或哑铃形,有皮芯结构
氯纶	平滑	接近圆形、蚕茧形
涤纶、锦纶、丙纶	平滑	圆形

　　天然纤维的纵向和横截面形态各不相同,如棉纤维纵向有天然转曲,羊毛纵向有鳞片,麻纤维纵向有横节竖纹,蚕丝纵向较光滑平直;而化学纤维的纵向有所不同,如黏胶纤维的纵向为粗细均匀,有条纹,锦纶、涤纶、腈纶等纤维的纵向一般为直径均匀,棒状,有光纤维的表面光滑有光泽,而无光纤维的纵向有微小颗粒状消光剂的斑点。棉纤维横截面形态为腰圆形或豆形、扁平形等,有中腔。麻纤维横截面随种类不同而异,苎麻纤维横截面为腰圆形,有中腔和裂缝。亚麻纤维横截面为多角形有中腔。羊毛纤维横截面为圆形或椭圆形,细羊毛在横截面中心无毛髓,而较粗的羊毛有毛髓。蚕丝横截面为三角形。化学纤维横截面随制造方法不同而不同,黏胶纤维横截面为锯齿形,维纶为腰圆形,腈纶为哑铃形,锦纶、涤纶为圆形。此外,随化学纤维生产的喷丝口形状不同,可生产不同横截面的纤维,如三角形,五叶形、Y 形、中空形等。

☞任务实施

　　一、操作仪器、用具及试样

　　Y172 型哈氏切片器(图 2－12)、普通生物显微镜(图 2－13)、试样、刀片、火棉胶、甘油、载玻片、盖玻片。

　　二、操作步骤

　　1. 纤维切片制作

　　哈氏切片器结构如图 2－12 所示,它主要有两块金属底板,左底板上有凸舌,右底板上有凹槽,两块底板啮合时,凸舌和凹槽之间留有一定大小的空隙,试样就放在空隙中。空隙的正上

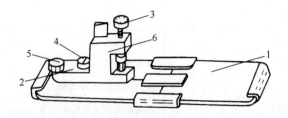

图 2 – 12　Y172 型哈氏切片器

1—金属板(凸槽)　2—金属板(凹槽)　3—精密螺丝　4—螺丝　5—定位销　6—螺座

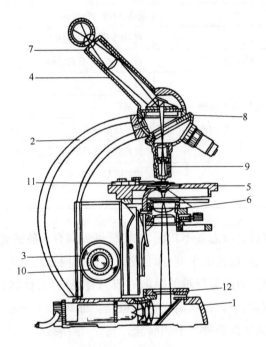

图 2 – 13　普通生物显微镜结构图

1—底座　2—镜臂　3—粗调装置　4—镜筒　5—载物台　6—集光器　7—目镜
8—物镜　9—物镜转换器　10—微调装置　11—移动装置　12—光阑

方,有与空隙大小相一致的小推杆,用精密螺丝控制推杆的位置。切片时,转动精密螺丝,推杆将纤维从底板的另一面推出,推出的距离(即切片的厚度)由精密螺丝控制。

用哈氏切片器制作纤维横截面切片时的操作步骤如下:

(1)取哈氏切片器,旋松定位螺丝,并取下定位销,将螺座转到与右底板呈垂直的位置放入(或取下)定位销,将左底板从右底板上抽出。

(2)取一束试样纤维,用手扯法整理平直,把一定量的纤维放入左底板的凹槽中,将右底板插入,压紧纤维,放入的纤维数量以轻拉纤维束时稍有移动为宜。

(3)用锋利的切片切去露在底板正、反两面外边的纤维。

(4)转动螺座恢复到原来位置,用定位销加以固定,然后旋紧定位螺丝。此时,精密螺丝下端的推杆应对准放入凹槽中的纤维束的上方。

(5)旋转精密螺丝,使纤维束稍稍伸出金属底板表面,然后在露出的纤维束上涂上一层薄薄的火棉胶。

(6)待火棉胶凝固后,用锋利的刀片沿金属底板表面切下第一片切片。在切片时,刀片应尽可能平靠金属底板(即刀片和金属底板间夹角要小),并保持两者间夹角不变。由于第一片切片厚度无法控制,一般舍去不用。从第二片开始作正式试样切片,切片厚度可由精密螺丝控制(大概旋转精密螺丝刻度上的一格左右)。用精密螺丝推出试样,涂上火棉胶,进行切片,选择好的切片作为正式试样。

(7)把切片放在滴有甘油的载玻片上,盖上盖玻片,在载玻片左上角贴上试样名称标记,然后放在显微镜下观察。

2. 纤维纵向制片

取试样一束,以手扯法整理平直,用右手拇指与食指夹取纤维20~30根,按在载玻片上,用左手覆上盖玻片,这样使夹取的纤维平直地按在载玻片上。然后,滴上甘油,使盖玻片黏着并增加视野的清晰度。

3. 显微镜观察

显微镜结构如图2-13所示,它主要由底座、镜筒、目镜、物镜、载物台、光阑、集光器、调焦机构等组成。显微镜的总放大倍数等于物镜放大倍数与目镜放大倍数的乘积(物镜、目镜的放大倍数都标于镜头侧面)。

用显微镜观察纤维时的操作步骤如下:

(1)将显微镜面对北光,扳动镜臂,使其适当倾斜(老式显微镜无法调节),以适应自己能较舒适地坐着观察。

(2)将适当倍数的目镜放在镜筒上,再将低倍物镜转至镜筒中心线上,以便调焦。

(3)将集光器升至最高位置,并开启光阑至最大,用自目镜向下观察,调节反光镜,使整个视野呈一最强而均匀的光度为止。

(4)除去目镜,观察物镜后透镜,调节反光镜的集光器中心,使在物镜后透镜处光线均匀明亮,再调节光阑,使明亮光阑与物镜后透镜大小相一致或稍小些。

(5)装上目镜,用粗调装置将镜筒稍许升高,将试样放在载物台上的机械移动装置内。

(6)再旋转粗调节装置,将物镜下移至最低位置,即物镜尽量接近盖玻片,但注意务必不能使物镜触及盖玻片。这时,操作者眼睛一定要注视物镜下移,以免损坏镜头。

(7)移动载物台上的机械移动装置,即调节前后、左右两个旋钮,使试样移至物镜中心。

(8)自目镜下视,用粗调装置慢慢升起镜筒,至见到试样时立即停止。

如不能见到试样,则反复进行第(6)、(7)、(8)步的操作。

(9)见到试样后,再调节微调装置,使试样成像清晰。

(10)如需采用高倍物镜(一般纤维纵向只需用低倍物镜观察,纤维横截面形态可用高倍的物镜观察),则按上述方法先用低倍物镜调节,得到清晰的成像后,在不改变镜筒位置的情况下,转动物镜转换器,使高倍物镜代替低倍物镜,然后自目镜观察。如成像不够清晰,只要稍稍旋转微调装置,即能得到清晰的物像。如果换成高倍物镜后,视野中不见物像,则需稍微移动机械移动装置,就可找到物像。

(11)显微镜调节完毕后,将所制得的纵面及横截面制片逐一放在载物台移动尺内,在目镜中观察各种纤维的纵、横截面形态。

4.记录结果

用笔将纤维形态描绘在纸上,并说明纤维的形态特征。做好记录,完成检测报告。

结果记录

编号	纵向	横截向	结果
1	○ 特征:_____	○ 特征:_____	
2	○ 特征:_____	○ 特征:_____	
3	○ 特征:_____	○ 特征:_____	

三、任务拓展

切片制作时,羊毛切取较为方便,细的其他纤维切取较为困难,可把其他纤维包在羊毛纤维内进行切片,这样容易得到好的切片。还可制作一些纱线的切片。

项目2-8 单纤维强伸性检验

【项目任务】

某公司送来一份纤维原料样品,要求测试这种纤维的强伸性,并出具检测报告。

【项目要求】

1. 在学习查阅相关资料和标准的基础上，采用分组讨论的方式，制订工作计划，并写出实施方案。

2. 在教师的指导下，以小组为单位，学生在纺织检测实训室，按照标准进行测试操作。

3. 安全、规范地使用仪器，并做好实验场地的清洁整理工作。

4. 完成检测报告。

5. 小组互评，教师点评。

纤维强伸度最常用的指标有断裂强力、断裂强度和断裂伸长率。

一、断裂强力

断裂强力是纤维拉伸试验中，纤维试样被拉断时，纤维所能承受的最大力。

二、断裂强度

断裂强度是用纤维单位线密度所能承受的最大负荷表示，称为断裂强度或断裂应力。其计算式为：

$$P_t = \frac{P}{Tt} \tag{2-27}$$

式中：P_t——断裂强度，N/tex（或 cN/tex）；

　　P——单纤维强力，N（或 cN）；

　　Tt——纤维的线密度，tex（或 dtex）。

三、伸长率

伸长率是纤维拉伸时产生的伸长占原来长度的百分率称为伸长率。其计算式如下：

$$\varepsilon = \frac{L_a - L_0}{L_0} \times 100\% \tag{2-28}$$

式中：ε——伸长率，%；

　　L_0——纤维拉伸前的长度，mm；

　　L_a——纤维拉伸后的长度，mm。

四、断裂伸长率

断裂伸长率是指纤维拉伸至断裂时的伸长率，它表示纤维承受拉伸变形的能力。

☞任务实施

一、操作仪器、用具及试样

LLY-06B 型电子式单纤维强力仪（图 2-14）、黑绒板、镊子、预加张力夹、校验用砝码等。

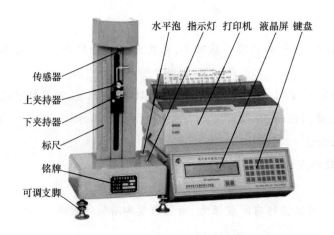

图 2-14 LLY-06B 型电子式单纤维强力仪结构

二、测试标准

GB/T 14337—2008《化学纤维 短纤维拉伸性能试验方法》。

三、操作步骤

1. 试样准备

从试验样品中随机均匀取出 10g 左右作为强力、伸长测试的样品。按规定进行预调湿和调湿,使试样达到吸湿平衡(每隔 30min 连续称量的质量递变量不超过 0.1%)。试样在公定回潮率以下可不必进行预调湿。

2. 试验条件

(1)拉伸速度:当试样的平均断裂伸长率小于 8% 时,拉伸速度为每分钟 50% 名义隔距长度;当试样的平均断裂伸长率大于或等于 8%,小于 50% 时,拉伸速度为每分钟 100% 名义隔距长度;当试样的平均断裂伸长率大于或等于 50% 时,拉伸速度为每分钟 200% 名义隔距长度。

(2)名义隔距长度:纤维名义长度大于或等于 35mm 时为 20mm;纤维名义长度小于 35mm 时为 10mm。

(3)预加张力:腈纶、涤纶为 0.075cN/dtex;丙纶、氯纶、维纶、锦纶为 0.05cN/dtex。预加张力按纤维的名义线密度计算,某些纤维如不适合上述预加张力,经有关部门相互协商可另行确定。

3. 试验次数

每个试样测试 50 根纤维。

4. 测试

(1)打开仪器电源,仪器是否显示复位状态,如果显示屏显示试验状态,请先按"总清"键,再按"复位"键,进入复位状态。

(2)如需要打印数据,请将打印机电源开关置于 ON 的位置。

(3)设定试验参数。在复位状态下,按"设定"键,打开光标,用"左移"或"右移"键,将光标移至"NUM"处(试验次数):用"清除"键清除原有数据,用数字键输入次数,按"确认"键确认。将其他参数按同样的方法输入后,再按"设定"键,光标在第三行闪烁,按"功能"键选择 FUN:1,光标 L1、L2、L3 处闪耀,按上述方法修改参数后,再按"设定"键关闭光标,退出参数设置。

（4）按"实验"键,进入实验状态,打印机打印报表表头,按标准要求夹好纤维后,按"拉伸"键,仪器开始拉伸并显示"LA",开始做定速拉伸试验,试样拉断后,下夹持器自动返回。

（5）重复以上操作至达到试验次数。

（6）删除无效数据有以下两种情况。

①当在试验过程中发现有异常数据时,待下夹持器返回起始位置后,按"停止"键进入删除状态,按"上行/上翻"或"下翻/下行"键可浏览数据,按"删除"键可将当前显示的异常数据删除,然后按"停止"键退出删除状态,继续做试验。

②当达到试验次数后微机自动进入删除状态,按"上行/上翻"或"下翻/下行"键可浏览数据,按"删除"键可将当前显示的异常数据删除,微机重新排列数据,删除几个数据就需要补做几次实验,然后按"停止"键退出删除状态,补做数据至达到试验次数,确认数据无误后,按"停止"键,再按"统计"键可打平均值,按"复制"键可将数据在打印机上再复制一份。

（7）报表打印。可根据需要,分两种模式进行。

①进入"实验"前打开打印机电源,按"实验"键时,打印机就打印报表表头,每拉伸一次或几次试样打印一次实验数据,按统计键打印平均值。

②在做完试验后,按"复制"键可将所有数据打印出来。

（8）关于实验中突然断电问题。本仪器有断电保护功能,如实验中突然断电,来电后可继续实验,也可按"总清""复位"键重新实验。

5.数据处理

强力、断裂强度、变异系数均计算到小数点后三位,按 GB/T 8170—2008 修约到小数点后两位。伸长率计算到小数点后两位,修约到小数点后一位。

6.记录。

纤维名称:_____隔距(mm):_____

结果记录

实验次数	断裂强力(cN)	断裂伸长(mm)	断裂功(mJ)	断裂时间(s)
平均值				
CV(%)			/	/

四、任务拓展

通过纤维拉伸性能的测试,综合分析纤维拉伸断裂机理。

项目2-9 纺织纤维的鉴别

【项目任务】

某公司送来8种纤维原料样品,2种纱线样品,要求鉴别8种纤维品种,2种纱线样品中纤维成分及含量,并出具检测报告。

【项目要求】

1. 在学习查阅相关资料和标准的基础上,采用分组讨论的方式,制订工作计划,并写出实施方案。

2. 在教师的指导下,以小组为单位,学生在纺织检测实训室,按照标准分别用燃烧法、显微镜观察法、化学溶解法、药品着色法等方法进行鉴别操作。

3. 安全、规范地使用仪器及化学试剂,并做好实验场地的清洁整理工作。

4. 完成检测报告。

5. 小组互评,教师点评。

一、燃烧鉴别法

燃烧法是鉴别纺织纤维的一种快速而简便的方法。试验时,将少量待鉴定的纤维或纱等用镊子夹住,缓慢地靠近火焰,分五个步骤观察试样:一是观察试样在靠近火焰时的状态,看是否收缩、熔融;二是将试样移入火焰中,观察在火焰中的燃烧情况,看燃烧是否迅速或不燃烧,然后再使试样离开火焰;三是把试样移离火焰,注意观察试样是否继续燃烧;四是要嗅闻试样刚熄灭时的气味;五是在试样冷却后观察残留灰烬的硬度、色泽、形态。

燃烧法是根据纺织纤维的化学组成不同,其燃烧特性也不相同来粗略地区分纤维的大类,不宜用于对同一大类纤维进行细分,它只适用于单一成分,并具备一定的数量的试样的场合。另外,经防火、防燃处理的纤维或织物用此法也不合适。几种常见纤维燃烧特征见表2-7。

表2-7 几种常见纤维的燃烧特征

纤维	燃 烧 状 态				
	靠近火焰	接触火焰	离开火焰	气味	灰烬
棉、麻、黏胶	不缩不熔	迅速燃烧	继续燃烧	烧纸味	灰白色的灰
毛、蚕丝	收缩	渐渐燃烧	不易延燃	烧毛发味	松脆黑灰
大豆纤维	收缩、熔融	收缩、熔融燃烧	继续燃烧	烧毛发味	松脆黑色硬块
涤纶	收缩、熔融	先熔后燃、有熔液滴下	能延燃	特殊芳香味	玻璃状黑褐色

纤维	燃 烧 状 态				
	靠近火焰	接触火焰	离开火焰	气味	灰烬
锦纶	收缩、熔融	先熔后燃、有熔液滴下	能延燃	氨臭味	玻璃状黑褐色
腈纶	收缩、微熔、发焦	熔融、燃烧、发光、有小火花	继续燃烧	辛辣味	黑色松脆硬块
维纶	收缩、熔融	燃烧	继续燃烧	特殊的甜味	黄褐色硬球
氯纶	收缩、熔融	熔融、燃烧	自行熄灭	刺鼻气味	深棕色硬块
丙纶	缓慢收缩	熔融、燃烧	继续燃烧	轻微的沥青味	黄褐色硬球
氨纶	收缩、熔融	熔融、燃烧	自灭	特异气味	白色胶块

二、显微镜鉴别法

显微镜观察法是广泛采用的一种方法,它是根据各种纤维的纵面和横截面形态特征来鉴别的。显微镜法既能用于鉴别单一成分的纤维,也能用于鉴别多种成分混合而成的混纺产品。棉、麻、毛、丝、普通黏胶纤维、维纶用显微镜法可有效地加以识别,但大多数合成纤维的纵向和横截面呈玻璃棒状和圆形断面,用此法不易区分。并且化学纤维通常因制造方法不同可得到各种特殊的截面,如类似蚕丝三角形的横截面。因此,不能单纯以显微镜观察结果来确定是哪一种纤维,必须与其他方法结合进行鉴别,才能得以检验证明。几种常见纤维的纵面和横截面形态如图2-15所示,相应的形态特征见表2-7。

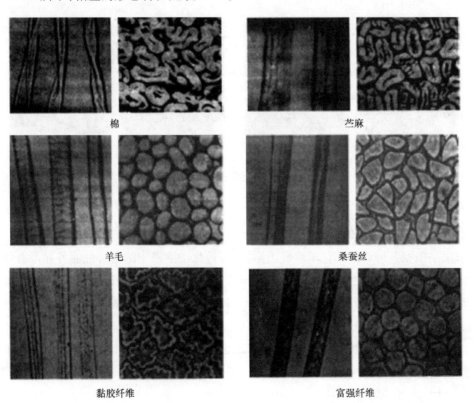

棉　　　　　　　　　　苎麻

羊毛　　　　　　　　　桑蚕丝

黏胶纤维　　　　　　　富强纤维

图2-15

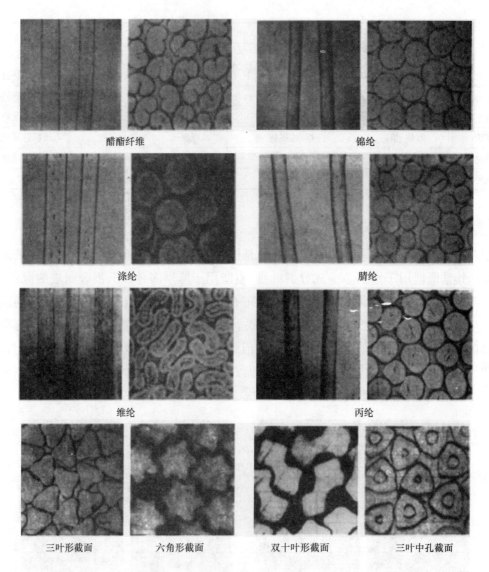

醋酯纤维　　　　　　　　　　锦纶

涤纶　　　　　　　　　　　腈纶

维纶　　　　　　　　　　　丙纶

三叶形截面　　　六角形截面　　　双十叶形截面　　　三叶中孔截面

图 2 – 15　常见纤维纵面、横截面形态特征

三、化学溶解鉴别法

溶解法是根据各种纤维的化学组成不同,在各种化学溶液中的溶解性能各异来有效地鉴别各种纺织纤维。此法常在用其他方法做出初步鉴定后再用此法加以证实。在使用此法时,必须注意溶剂的浓度、溶解时的温度和时间。由于一种溶剂往往能溶解多种纤维,因此有时要用几种溶剂进行验证,才能正确地鉴别出纤维的品种。

此法不仅适用于各种纺织材料鉴别,还可以定量地测量出混纺产品的混纺比例。不同溶剂对不同纤维的溶解性能情况见表 2 –8。

表 2 - 8   不同溶剂对不同纤维的溶解性能情况

纤维	盐酸 (20%、 24℃)	盐酸 (37%、 24℃)	硫酸 (75%、 24℃)	氢氧化钠 (5%、 煮沸)	甲酸 (85%、 24℃)	冰醋酸 (24℃)	间甲酚 (24℃)	二甲基甲 酰胺 (24℃)	二甲苯 (24℃)
棉	不溶解	不溶解	溶解	不溶解	不溶解	不溶解	不溶解	不溶解	不溶解
麻	不溶解	不溶解	溶解	不溶解	不溶解	不溶解	不溶解	不溶解	不溶解
羊毛	不溶解	不溶解	不溶解	溶解	不溶解	不溶解	不溶解	不溶解	不溶解
蚕丝	微溶	溶解	溶解	溶解	不溶解	不溶解	不溶解	不溶解	不溶解
大豆纤维	微溶	溶解	93℃溶解	不溶解	微溶	—	不溶解	不溶解	不溶解
黏胶纤维	不溶解	溶解	溶解	不溶解	不溶解	不溶解	不溶解	不溶解	不溶解
醋酯纤维	不溶解	溶解	溶解	部分溶解	溶解	溶解	溶解	溶解	溶解
涤纶	不溶解	不溶解	不溶解	不溶解	不溶解	不溶解	93℃溶解	不溶解	不溶解
锦纶	溶解	溶解	溶解	不溶解	不溶解	不溶解	溶解	不溶解	不溶解
腈纶	不溶解	不溶解	微溶	不溶解	不溶解	不溶解	不溶解	93℃溶解	不溶解
维纶	溶解	溶解	溶解	不溶解	溶解	不溶解	溶解	不溶解	不溶解
丙纶	不溶解	不溶解	不溶解	不溶解	不溶解	不溶解	不溶解	不溶解	溶解
氨纶	不溶解	不溶解	部分溶解	不溶解	不溶解	部分溶解	不溶解	93℃溶解	不溶解

四、药品着色法

药品着色法是利用着色剂对纺织纤维进行快速染色,然后根据所呈现的颜色定性鉴别纤维的种类,此法适用于未染色和未经整理剂处理的纤维、纱线和织物。

国标标准规定的着色剂为 HI - 1 号纤维鉴别着色剂,另外还有锡莱着色剂 A 和碘—碘化钾(I - KI)溶液。纤维经 HI - 1 号纤维鉴别着色剂、碘—碘化钾溶液和锡莱着色剂 A 染色后的色相见表 2 - 22。采用 HI - 1 号纤维鉴别着色剂鉴别纤维时,将 1g 的着色剂溶于 10mL 的正丁醇和 90mL 的蒸馏水中配成溶液,沸染 1min,染后倒去染液,用冷水清洗试样至无浮色,晾干,根据染色后试样颜色对照表 2 - 9 鉴别纤维。

表 2 - 9   几种不同纤维鉴别着色剂染色后的色相表

纤维	碘—碘化钾溶液	HI - 1 号纤维鉴别着色剂	锡莱着色剂 A
棉	不着色	灰 N	蓝
麻	不着色	深紫 5B(苎麻)	紫蓝(亚麻)
羊毛	淡黄	桃红 5B	鲜黄
蚕丝	淡黄黑	紫 3B	褐

纤维	碘—碘化钾溶液	HI-1号纤维鉴别着色剂	锡莱着色剂A
黏胶纤维	黑蓝青	绿3B	紫红
醋酯纤维	黄褐	艳橙3R	绿黄
涤纶	不着色	黄R	微红
锦纶	黑褐	深棕3RB	淡黄
腈纶	褐	艳桃红4B	微红
维纶	蓝灰	桃红3B	褐
丙纶	不着色	黄4G	不染色
氯纶	—	不着色	—
氨纶		红棕2R	—

五、双组分纤维混纺产品定量化学分析方法

混纺比的测定方法很多,国家有相关的混纺比测试标准,常用的是化学分析方法,广泛应用于两组分、三组分等纤维混纺产品。其基本原理是将混纺产品的成分经过定性鉴别后,再选择适当的试剂把各成分纤维的重量测定出来,从而计算出各组分纤维的混纺比。

1. 溶解法测定混纺比的方法

将预处理后的试样放入称量瓶内,把盖子打开放入烘箱,在105℃±3℃的温度下烘4~16h,达到恒重。烘干后,盖上瓶盖迅速放入干燥器中冷却、称重。试样经溶解处理后,将不溶纤维放入已知重量的玻璃砂芯坩埚,放入烘箱内烘至恒重后,盖上盖子迅速放入干燥器内冷却、称重。以上称重应在2min内称完,精确至0.0002g。

2. 测试结果计算

净干含量百分率的计算可用下面公式:

$$P_1 = \frac{m_1 d}{m_0} \times 100\% \qquad (2-29)$$

$$P_2 = 100 - P_1 \qquad (2-30)$$

式中:P_1——不溶解纤维的净干含量百分率,%;

P_2——溶解纤维的净干含量百分率,%;

m_0——预处理后试样干重,g;

m_1——剩余的不溶纤维干重,g;

d——不溶纤维试剂处理重量修正系数,为不溶纤维处理前干重与处理后干重之比。

(当不溶纤维有质量损失时,d值大于1;质量有增加时,d值小于1,各种纤维的d值见表2-10)。

表 2－10　两组分混纺产品定量化学分析表

编号	纤维组成	应用方法	基本原理	d 值
1	醋酯纤维与其他纤维	丙酮法	用丙酮溶解醋酯纤维	不溶纤维:1.00
2	各种蛋白纤维与其他纤维	碱性次氯酸钠法	用碱性次氯酸钠法把蛋白质纤维溶解	棉:1.03 其他:1.00
3	黏胶、铜氨纤维、高湿模量纤维与棉、苎麻、亚麻纤维	甲酸/氯化锌法	用甲酸和氯化锌混合试剂溶解黏胶纤维、铜氨纤维、高湿模量纤维	所有类型的棉:1.02 苎麻:1.00 亚麻:1.07
4	聚酰胺6、聚酰胺66 与其他纤维	80%(质量分数)甲酸法	用甲酸溶液溶解聚酰胺纤维	苎麻:1.02 其他:1.00
5	二醋酯纤维与三醋酯纤维	丙酮法	用丙酮水溶液把醋酯纤维溶解	三醋酯:1.01
6	二醋酯纤维与三醋酯纤维	苯/甲醇法	用苯/甲醇把醋酯纤维溶解	三醋酯:1.00
7	三醋酯纤维与其他纤维	二氯甲烷法	用二氯甲烷把三醋酯纤维溶解	聚酯纤维:1.01 其他:1.00
8	纤维素纤维与聚酯纤维	75%(质量分数)硫酸法	用75%硫酸把纤维素纤维溶解	聚酯纤维:1.00
9	聚丙烯腈纤维、变性聚丙烯腈纤维、含氯纤维与其他纤维	二甲基甲酰胺法	用二甲基甲酰胺把聚丙烯腈纤维、变性聚丙烯腈纤维、含氯纤维溶解	丝:1.00 其他:1.00
10	含氯纤维与其他纤维	二硫化碳/丙酮法	用二硫化碳和丙酮的共沸混合物把含氯纤维溶解	不溶纤维:1.00
11	醋酯纤维与含氯纤维	冰醋酸法	用冰醋酸把醋酯纤维溶解	含氯纤维:1.00
12	黄麻与动物纤维	含氯量测定法	通过对试样的含氯量测量以及两种组分已知的理论含氯量计算出各组分的含量	—
13	聚丙烯纤维与其他纤维	二甲苯法	用沸的二甲苯把聚丙烯纤维溶解	不溶纤维:1.00
14	聚氯乙烯纤维与其他纤维	浓硫酸法	用浓硫酸把不含氯的其他纤维溶解	聚氯乙烯纤维:1.00
15	丝与羊毛或其他动物纤维	75%(质量分数)硫酸法	用75%硫酸把丝溶解	羊毛:0.985
16	纤维素纤维与石棉		试样置于450℃±10℃下1h除去纤维素纤维	石棉纤维:1.02

　　混纺产品上常伴有的非纤维物质,有天然伴生的,也有在纺织生产过程中添加的。这些非纤维物质在分析过程中会部分或全部溶解。计算时,这部分物质被计算在溶解纤维的重量中,为了避免这种误差,在分析之前,必须先将试样中的非纤维物质去除掉。

☞任务实施

一、操作仪器、用具及试样

镊子,试管,载玻片,盖玻片,甘油,生物显微镜,酒精灯,玻璃棒,烧杯(500mL、50mL),电炉等;硫酸(C.P.),盐酸(C.P.),氢氧化钠(C.P.),二甲基甲酰胺(C.P.),正丙醇(C.P.),碘(C.P.),碘化钾(C.P.),HI-1号纤维鉴别着色剂,Y802K型通风式快速烘箱,YG086型缕纱测长仪;250mL带玻璃塞三角烧瓶,称量瓶,玻璃砂芯坩埚,抽气滤瓶;恒温水浴锅,索氏萃取器,电子天平(分度值为0.2mg);温度计及烧杯;真空泵,干燥器等。

二、测试标准

FZ/T 01057.1—2007《纺织纤维鉴别试验方法 第1部分:通用说明》;

FZ/T 01057.2—2007《纺织纤维鉴别试验方法 第2部分:燃烧法》;

FZ/T 01057.3—2007《纺织纤维鉴别试验方法 第3部分:显微镜法》;

FZ/T 01057.4—2007《纺织纤维鉴别试验方法 第4部分:溶解法》;

FZ/T 01057.5—2007《纺织纤维鉴别试验方法 第5部分:含氯含氮呈色反应法》;

FZ/T 01057.6—2007《纺织纤维鉴别试验方法 第6部分:熔点法》;

FZ/T 01057.7—2007《纺织纤维鉴别试验方法 第7部分:密度梯度法》;

FZ/T 01057.8—2012《纺织纤维鉴别试验方法 第8部分:红外光谱法》;

FZ/T 01057.10—2012《纺织纤维鉴别试验方法 第9部分:双折射率法》;

GB/T 2910—2009《纺织品 定量化学分析》。

三、操作步骤

1. 燃烧法

(1)点燃酒精灯,取10mg左右的纤维捻成束或纱线一小段或织物中的经纱数根。

(2)用镊子夹住试样一端,将另一端徐徐靠近火焰,观察纤维对热的反应情况。

(3)将试样慢慢移入火焰中,观察燃烧现象,嗅闻火焰刚熄灭时的气味。

(4)待试样冷却后,观察试样灰烬的颜色、软硬、松脆和形态。

(5)判断纤维的种类或类别,并做好记录。

结果记录

试样编号	接近火焰	在火焰中	离开火焰	残渣形态	气味	结论
1						
2						
3						
4						
5						
6						
7						
8						
9						
10						

2. 显微镜鉴别法

(1)将待测纤维的纵向、横截面放置在显微镜下调节清晰成像。

(2)并一一记录观察结果,将其形态描绘下来。

(3)确定纤维的种类,并做好记录。

结果记录

试样编号	横截面形态	纵向形态	结论
1			
2			
3			
4			
5			
6			
7			
8			
9			
10			

3. 溶解法

(1)将待测纤维分别置于清洁的试管内。

(2)在各试管内分别注入某种溶剂,在常温下或沸煮5min后不断搅拌处理,观察溶剂对试样的溶解现象,并一一记录观察结果。

(3)再依次调换其他溶剂,观察溶解现象并记录结果。

(4)确定纤维的种类,并做好记录。

结果记录

试样编号	硫酸(75%)	甲酸(85%)	NaOH(5%)	硫酸(98%)	其他试剂	结论
1						
2						
3						
4						
5						
6						
7						
8						
9						
10						

4. 药品着色法

(1) HI－1号纤维鉴别着色剂。

①将待测纤维分别标上编号。

②取未知纤维一束(约20mg),按浴比1:30量取1% HI－1号纤维鉴别着色剂,并投入着色剂中沸煮1min。

③取出试样,用蒸馏水冲洗干净、晾干。

④确定纤维的种类。

(2) 碘—碘化钾饱和溶液着色剂

①将待测纤维分别编号,并做好记录。

②取未知纤维一小束(约20mg)放入试管中,然后向试管中加入碘—碘化钾饱和溶液,使其浸0.5~1min。

③取出试样,用蒸馏水冲洗干净,并晾干。

④确定纤维的种类,并做好记录。

结果记录

试样编号	着色剂	着色描述	结论
1			
2			
3			
4			
5			
6			
7			
8			
9			
10			

5. 双组分纤维混纺含量的测定

(1) 定性鉴别混纺纱中的两种纤维成分。

(2) 将经过处理的试样用一种适当的溶剂溶去其中的一种纤维。

(3) 再将剩余纤维烘干、称重。

(4) 计算两种纤维的净干含量百分率,做好记录。

结果记录

试样编号	成分1	成分2	结论
1			
2			

续表

试样编号	成分 1	成分 2	结论
3			
4			
5			
6			
7			
8			
9			
10			

四、任务拓展

（1）纺织纤维的鉴别方法很多，但在实际鉴别中，有些材料使用一种方法较难鉴别，需将几种方法综合运用、分析，才能得出正确结论。请对所学鉴别方法进行归纳总结，得出具有快速、准确、灵活、简便特点的系统鉴别法。

（2）走访附近服装商场，选择部分服装和面料，运用较简便的方法进行成分识别，并把识别结果与标牌对照。

项目3 纱线检验

项目3-1 纱线细度检验

【项目任务】

某股份公司,生产了一批纯棉纱,试验员采集了一批管纱,要求检测所生产棉纱的线密度,并出具检测报告。

【项目要求】

1. 在学习查阅相关资料和标准的基础上,采用分组讨论的方式,制订工作计划,并写出实施方案。

2. 在教师的指导下,以小组为单位,学生在纺织检测实训室,按照标准分别用缕纱测长仪、天平等进行测定操作。

3. 安全、规范地使用仪器,并做好实验场地的清洁整理工作。

4. 完成检测报告。

5. 通过检测,掌握纱线线密度的测试方法和试验结果的计算方法,了解影响纱线线密度测试结果的因素。

6. 小组互评,教师点评。

一、纱线的细度指标

纱线的细度指标与纤维相同,可分为直接指标与间接指标两类。直接指标是指纱线的直径、截面积、周长等。对于纤维或纱线,直接指标的测量较为麻烦,因此除了羊毛纤维用直径来表达纤维粗细外,其他纤维和纱线一般不用直径等直接指标来表示。间接指标是利用纤维或纱线的长度与重量的关系来表达细度的。方法有两种:一种是定长制,即以一定长度的纤维或纱线的标准重量;另一种是定重制,即以一定重量的纤维或纱线所具有的长度。我国目前规定采用定长制。纱线线密度、纤度、公制支数及英制支数的具体计算公式详见"项目2-5 纤维细度检验"。

二、股线细度的表达

1. 当单纱细度以线密度 T_t 表示时

股线的细度用单纱的细度和单纱的根数 n 的组合表达。股线的线密度表示为 $T_t \times n$(T_t 为构成股线的单纱名义线密度),若组成股线的单纱线密度不同时则表示为 $Tt_1 + Tt_2 + \cdots + Tt_n$。

2. 当单纱的细度以公制支数表示时

股线的公制支数表示为 N_m/n;如组成股线的单纱细度不同时,则股线的公制支数计算式如下。

$$N_m = \cfrac{1}{\cfrac{1}{N_{m1}} + \cfrac{1}{N_{m2}} + \cdots + \cfrac{1}{N_{mn}}} \tag{3-1}$$

英制支数表达式和公制支数类似。可以看出支数的计算比线密度计算困难。

三、细度偏差

因工艺、设备、操作等原因,实际生产出的纱线的细度与要求生产的纱线细度存在一定的偏差,把实际纺得的管纱线密度称为实际线密度,记为 Tt_a。纺纱工厂生产任务中规定的最后成品的纱线线密度称为公称线密度,一般要符合国家标准中规定的公称线密度系列,公称线密度又称名义线密度,记为 Tt。在纺纱工艺中,考虑到筒绕伸长、股线捻缩等因素,使纱线成品线密度符合公称线密度而设计规定的管纱线密度称为设计线密度 Tt_s。纱线细度偏差一般用重量偏差 ΔTt 来表示,重量偏差 ΔTt 又称线密度偏差,其计算公式如下。

$$\Delta Tt = \frac{Tt_a - Tt_s}{Tt_s} \times 100\% \tag{3-2}$$

重量偏差为正值,表示实际生产出的纱线线密度大于公称线密度,即偏粗,筒子纱售纱(定重成包)按重量计则长度偏短不利于客户,若细绞纱售纱(定长成包)不利于生产厂。重量偏差为负值,则与上述情况相反。若式(3-2)中代入的纱线细度为公制支数,则结果称为支数偏差,若式中代入的纱线细度为纤度,则结果称为纤度偏差。

四、纱线细度的检测方法

纱线线密度测试要确定试样的长度、质量,其中长度测定用缕纱测长仪(图 3-1),质量测定用等臂天平或电子天平。

图 3-1　YG086 型缕纱测长仪

1—控制机构(电源开关、启停开关、调速旋钮)　2—纱锭插座　3—张力机构　4—张力调节器　5—导纱器

6—横动导杆　7—显示器　8—摇纱框　9—主机箱　10—仪器基座

任务实施

一、操作仪器、用具及试样

YG086型缕纱测长仪(图3-2),电光天平或电子天平(灵敏度等于待称重量的1%或1‰),Y802A型烘箱;试样:棉型纱、毛型纱或化纤长丝。

二、测试标准

纱线细度测试为绞纱法。

GB/T 4743—2009《纺织品 卷装纱 绞纱法线密度的测定》。

三、操作步骤

(1)按规定的方法取样。

(2)将试验纱线放在试验用大气中(65% ±2% RH,20℃ ±2℃或65% ±23% RH,20℃ ±2℃)作近似调湿,时间不少于8h。然后从卷装中退绕纱线,去除开头几米纱,在YG086型纱框测长机(图3-1)上摇出试验绞纱(缕纱),绞纱长度要求如表3-1所示。

表3-1 绞纱长度要求

绞纱长度(m)	纱线(tex)
200	<12.5
100	12.5~100
50	>100
10	>100的复丝纱

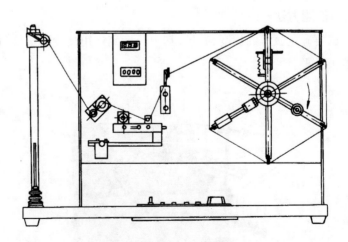

图3-2 YG086型缕纱测长机

卷绕时应按标准采用一定的卷绕张力,在无标准时,采用表3-2的数值。

表 3-2　摇纱张力

公称线密度(tex)	7~7.5	8~10	11~13	14~15	16~20
摇纱张力(cN)	3.6	4.5	6	7.3	9
公称线密度(tex)	21~30	32~34	36~60	64~80	88~192
摇纱张力(cN)	12.8	16.5	24	36	70

（3）从摇纱器上取下绞纱。

（4）称重：

①以调湿后纱线为基础时：经调湿后的绞纱，用灵敏度等于待称每绞质量千分之一的天平，称取各绞纱质量。

②以烘干纱线为基础时：把试样放在规定温度条件下烘干至恒定重（时间间隔20min，逐次称重，重量变化不大于0.1%）。

（5）指标计算：

①调湿后纱线线密度：

$$Tt = \frac{10^3 \times G}{L} \tag{3-3}$$

式中：Tt——纱线线密度，tex；

　　G——调湿绞纱质量，g；

　　L——绞纱长度，m。

②纱线线密度：

$$Tt = \frac{10^3 \times G_0}{L}(1 + W_K) \tag{3-4}$$

式中：G_0——烘干纱线质量（g）；

　　W_K——纱线公定回潮率（%）。

若试样纱线为混纺纱时，

$$Tt = \frac{G_0 \times 1000}{L}\left(1 + \frac{A \times W_{AK}}{100} + \frac{B \times W_{BK}}{100}\right) \tag{3-5}$$

式中：A、B——分别为双组分混纺纱中两种组分的混合比例，%；

W_{AK}、W_{BK}——分别为双组分混纺纱中两组分的公定回潮率，%。

（6）实验报告要求

①记录：试样名称及规格、仪器型号、仪器工作参数、原始数据。

②计算：在公定回潮率下纱线的线密度。

记录与计算：

棉纱公称特数：_____ tex

缕纱百米重量记录

平均百米重量：

实际回潮率：

平均百米干重：

实际特数：

四、任务拓展

(1)影响线密度测定结果的因素有哪些？

(2)试推导特数、旦数、公制支数、英制支数间的相互关系。

项目 3－2 纱线强伸性检验

【项目任务】

某股份公司采购了一批纱线，要求测定纱线的强伸性，并出具检测报告。

单纱拉伸的性能指标是评定成纱等级的主要依据之一，它对于纱线的生产、工艺的制订、工艺的调整、织造工艺及生产效率等都有着重要意义。用电子单纱强力仪测试所提供纱线的强伸性能指标，计算平均断裂强力、平均断裂伸长率、均方差和变异系数。

通过测试，掌握单纱强伸性能的测定方法，了解单纱强力仪的结构和工作原理，并学会分析拉伸性能的各项指标。

【项目要求】

1. 在学习查阅相关资料和标准的基础上，采用分组讨论的方式，制订工作计划，并写出实施方案。

2. 在教师的指导下，以小组为单位，学生在纺织检测实训室，按照标准测定单纱的强力、强度、伸长等强伸性指标。

3. 安全、规范地使用仪器，并做好实验场地的清洁整理工作。

4. 完成检测报告。

5. 小组互评，教师点评。

一、纱线的力学性能指标

纱线在加工成纺织品及以后的使用中，都要承受各种外力的作用。若纱线的强力高，则后加工织造过程中断头少，生产效率高，制成品坚牢度好，它的使用价值也就高。因此，强力是纱线主要的内在质量指标,在我国主要纱线产品标准中,都将有关强力的指标列入产品定等的技术要求。

1. 纱线的强力指标

纱线的强力是表示纱线内在质量的重要指标,其指标有:

(1)断裂强力(P)。断裂强力是指纱线能够承受的最大拉伸外力,单位为 cN(厘牛)。它是一个绝对指标,与纱线的细度有关。

(2)断裂强度。断裂强度又称相对强度。它是指每特纱线所能承受的最大拉力。单位为 cN/tex 或 cN/dtex。计算式为:

$$特数制断裂强度 P_{Tt} = P/Tt \tag{3-6}$$

(3)断裂长度。断裂长度是以长度(L_p)形式表示纱线强度的指标。其物理意义是设想将纱线连续地悬吊起来,直到它因本身重力而断裂时的长度,也就是重力等于强力时的纱线长度千米数称为断裂长度,即:

$$L_p = \frac{p \times N_m}{100g} \tag{3-7}$$

式中:g——重力加速度,9.8m/s²。

(4)强力不匀率。强力不匀率用来衡量纱线内在质量不均匀的情况,也是纱线品质评定的依据。由于纱线存在各种不匀的因素,纱线在外力作用下产生断裂是发生在最薄弱的环节上,所以不仅要提高纱线的平均强力,而且要降低强力的不匀即强力变异系数,才能有效地降低纱线在后加工中的断头,并减少因断头而产生的疵点,提高产品的质量。

2. 纱线的断裂伸长

任何材料受到力的作用和产生变形,这两者都是同时存在、同时发生的。在拉伸力作用下,材料一般要伸长。纱线拉伸到断裂时的伸长率(应变率)叫断裂伸长率,用 ε 表示,计算式为:

$$\varepsilon = \frac{L_a - L_0}{L_0} \times 100\% \tag{3-8}$$

式中:L_0——试样原长;

L_a——试样拉断时的长度。

二、纱线的断裂机理及主要影响因素

1. 纱线的断裂机理

纱线拉伸断裂过程首先取决于纤维断裂过程,两者在一定程度上有相似之处。但纱线已是纤维的集合体,故又有相当大的区别。

当纱线开始受到拉伸时,纤维本身的皱曲减少,伸直度提高,表现出初始阶段的伸长变形。这时,纱线截面开始收缩,增加了纱中外层纤维对内层纤维的压力。因而外层纤维伸长多,张力大;内层纤维伸长少,张力小;中心纤维可能未伸长,还被压缩皱曲。所以,细纱在拉伸中,首先断裂的是最外层的纤维。

短纤维纺成的细纱,任一截面所握持的纤维,伸出长度(向纱轴两端方向)都有一个分布,

这种分布就是须条分布。这些纤维中,向两端伸出都较长的纤维被纱中两端其他纤维抱合和握持,拉伸中在此截面上只会被拉断,不会滑脱。

在细纱继续经受拉伸的过程中,纱中外层纤维,短的部分滑脱被抽拔,长纤维受到最紧张的拉伸。拉到一定程度后,外层纤维受力达到拉断强度时,外层纤维逐步断裂。这时,整根细纱中承担外力的纤维根数减少,在纱的截面各层同心圆环中,最外层纤维根数最多。而且,纱中外层纤维断裂后,最外层纤维对内层纤维的抱合压力解除,内层纤维之间的抱合力和摩擦力迅速减小,这就造成更多的纤维滑脱。未滑脱的纤维,随之将更快地增大张力,因而被拉断。如此,直至细纱完全解体。这样被拉断的细纱,断口是很不整齐的;由于大量纤维滑脱而抽拔出来,断口呈现松散的毛笔头似的形状。

长纤维特别是长丝捻成的细纱或捻度很高的短纤维细纱,纤维不易滑脱和拔出。这种纱在外层纤维被拉断后,逐步向内使各层纤维分担的张力猛增,因而被拉断。这时在外层纤维断裂最多的截面上,迅速向内扩展断裂口,直至全部纤维断裂。在这种情况下,被拉断的断裂口是比较整齐的。

2. 影响纱线拉伸断裂强度的主要因素

(1)纤维的性能。

①纤维长度,特别是长度短于 $2L_c$(滑脱长度)的纤维含量,对纱线强度有很大的影响。如棉纤维中短绒率平均增加 1%,纱线强度下降 1% ~ 1.2%。

②纤维的相对强度越高,纱线强度也越高。同时,影响纤维强度的各项因素,同样会表现在纱线上,但因与纱线结构有关,又不完全相同。

③纤维较细,较柔软,在纱中互相抱合就较紧贴,滑脱长度可能缩短,纱截面中纤维根数可以较多,使纤维在纱内外层转移的机会增加,各根纤维受力比较均匀,因而成纱强度较高。

(2)纱线的结构。传统纺纱纱线的结构对拉伸断裂强度和其他特性的影响也是很大的。除了纱线中纤维排列的平行程度、伸直程度、内外层转移次数等之外,最重要的影响因素是纱线的捻度。传统纺纱的单纱,强度随着捻度的增加,开始上升,后来又下降。

三、纱线力学性能的测试

单纱力学性能指标是评定成纱等级的主要依据之一,它对于纱线的生产、工艺的制订、工艺的调整、织造工艺及生产效率等都有着重要意义。评价纱线力学性能的指标主要有平均断裂强力、平均断裂伸长率、断裂强力变异系数、断裂伸长变异系数、平均断裂时间等,此外,在某些特定的场合下还需要断裂功、断脱强力、初始模量等指标。拉伸性能中的最小强力、最小伸长率等弱环指标可作为后道工序(织造)的参考指标。

纱线断裂强力和伸长率测定是采用单根纱线法,其试验原理是:用强力试验机拉伸单根纱线试样,直至断脱,并指示出断裂强力和伸长。强力试验机目前主要采用电子式等速牵引型强力试验机,并将试样断裂时间控制在(20 ± 3)s 内。图 3 – 3 为 YG061F 型电子单纱强力仪。根据标准 GB/T 3916—2013《纺织品 卷装纱 单根纱线断裂强力和断裂伸长率的测定(CRE法)》的规定进行测试。

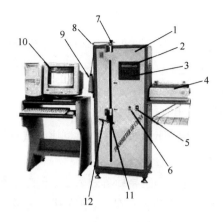

图 3 - 3　YG061F 型电子单纱强力

1—主机　2—显示屏　3—键盘　4—打印机　5—电源开关　6—拉伸开关

7—上夹持器　8—导纱器　9—纱管支架　10—计算机组件　11—下夹持器　12—预加张力器

☞任务实施

一、操作仪器、用具及试样

YG061F 型电子单纱强力仪,取样盘;试样:13tex 棉纱若干。

(1)测试的试样最少数量为:短纤维纱线 50 根,其他种类纱线 20 根。试样应均匀地从 10 个卷装中采集。

(2)在纱线不造成损伤的前提下,用取样盘来盛取试样。

二、测试标准

采用标准:GB/T　3916—2013《纺织品　卷装纱　单根纱线断裂强力和断裂伸长率的测定 (CRE 法)》;

相关标准:GB　6529—2008《纺织品的调湿和试验用标准大气》;

　　　　　FZ/T　10007—2008《棉及化纤纯纺混纺纱线交付验收抽样方案》;

　　　　　FZ/T　10013.1—2011《温度与回潮率及化纤纯纺、混纺制品断裂强力的修正方 法　本色纱线及染色加工线断裂强力的修正方法》;

　　　　　GB/T　4743—2009《纺织品　卷装纱　纱线线密度的测定　绞纱法》。

三、操作步骤

(1)预热仪器:校准仪器,测试前 10min 开启电源预热,同时显示屏会显示测试参数。

(2)确定预加张力:调湿试样为(0.5 ±0.10)cN/tex,湿态试样为 (0.25 ±0.05)cN/tex。变 形纱施加预加张力要求既能消除纱线卷曲又不使之伸长,如果没有其他协议,建议变形纱采用 表 3 - 3 的预加张力(线密度超过 50tex 的地毯纱除外)。

表 3 - 3　变形纱预加张力计算(根据名义线密度)　　　　　单位:cN/tex

聚酯纤维和聚酰胺纤维纱	二醋酯纤维纱、三醋酯纤维纱和黏胶纤维纱	双收缩和喷气膨体纱
2.0 ±0.2	1.0 ±0.1	0.5 ±0.05

（3）设置参数。

①隔距：根据测试需要设置，一般采用 500mm，伸长率大的试样采用 250mm。

②拉伸速度：根据测试需要设置，一般情况下 500mm 隔距时采用 500mm/min 的速度，250mm 隔距时采用 250mm/min 的速度，允许更快的速度。

③输入其他参数：例如次数、纱号等。

④选择测试需要的方法：例如定速拉伸测试、定时拉伸测试、弹性回复率测试等。

（4）按"试验"键，进入测试状态。

（5）纱管放在纱管支架上，牵引纱线经导纱器进入上、下夹持器钳口后夹紧上夹持器。

（6）按步骤（2）在预加张力器上施加预加张力（预加张力器在测试前调准、备用）。

（7）夹紧下夹持器，按"拉伸"开关，下夹持器下行，纱线断裂后夹持器自动返回。在试验过程中，检查钳口之间的试样滑移不能超过 2mm，如果多次出现滑移现象须更换夹持器或者钳口衬垫。舍弃出现滑移时的试验数据，并且舍弃纱线断裂点在距钳口或夹持器 5mm 以内的试验数据。

（8）重复步骤（4）～（7），换纱、换管，继续拉伸，直至拉伸到设定次数，测试结束。

（9）数据记录。测试完毕，关闭电源。

序号	强力（cN）	强度（cN/tex）	伸长（mm）	断裂功（mJ）	断裂时间（s）
1					
2					
3					
4					
5					
6					
7					
8					
9					
10					
平均					
修正			—	—	—

（10）计算断裂强力、断裂伸长率以及其标准差和变异系数。

①断裂强力：

②断裂伸长率：

③断裂强力和断裂伸长的标准差和变异系数公式：

$$S = \sqrt{\frac{\sum_{i=1}^{n}(X_i - \overline{X})^2}{n-1}} \qquad (3-9)$$

$$CV = \frac{S}{X} \times 100\% \tag{3-10}$$

式中:S——标准差;

　X_i——各次测得数据值;

　$\overline{X}$——测试数据的平均值;

　n——测试根数,至少为 50 根;

　CV——变异系数,%。

四、任务拓展

(1)棉纱线的力学性能指标对棉纤维的选配有何要求?

(2)棉纱线的力学性能指标对面料的性能有何影响?

项目 3-3　纱线捻度检验

【项目任务】

某棉纺生产公司,生产某种纯棉纱、线,现需测定其捻度,并出具检测报告。

对纱线施加捻度是为使纱线具有一定的强力、弹性、伸长、光泽、手感等力学性能,纤维通过加捻形成了纱线,那么纱线的加捻程度如何表示?捻度与纱线的性能有什么关系?如何测定纱线的捻度?

通过对纱线捻度的测试,了解纱线捻度仪的基本结构和工作原理,掌握仪器的操作方法和取样要求,获得纱线捻度数据,理解相关指标的含义。

纱线捻度测试,是如何将已经具有捻回的单纱退捻,使其中的纤维平行变成加捻前的状态(无捻),同时计数退捻的捻回数,这是任务的关键。根据加捻缩短退捻伸长(在张力下)原理,试样在一定的张力下在左右纱夹中先退捻,此时纱线会伸长,待纱线捻度退完后继续回转,其因加捻而缩短,直到纱线长度捻至与原试样长度相同时,此时捻回读数是纱线捻回数的 2 倍,再根据定义计算指标。

股线在退捻时借助挑针可以观察到组成股线单纱的平行排列,直接退捻即可。

【项目要求】

1. 在学习查阅相关资料和标准的基础上,采用分组讨论的方式,制订工作计划,并写出实施方案。

2. 在教师的指导下,以小组为单位,学生在纺织检测实训室,按照标准分别检测一种棉纱、一种棉线的捻度。

3. 安全、规范地使用仪器及化学试剂,并做好实验场地的清洁整理工作。

4. 完成检测报告。

5. 小组互评,教师点评。

一、表示纱线加捻程度的指标

如果须条一端被握持住,另一端回转,即可形成纱线,这一过程,称为加捻。对短纤维纱来说,加捻是纱线获得强力及其他特性的必要手段;对长丝纱和股线来说,加捻可形成一个不易被横向外力所破坏的紧密结构。加捻还可形成变形丝及花式线。加捻的多少及加捻方向不仅影响织物的手感和外观,还影响织物的内在质量。

表示纱线加捻程度的指标有捻度、捻回角、捻幅和捻系数。表示加捻方向的指标是捻向。

1. 捻度

纱线的两个截面产生一个360°的角位移称为一个捻回,即通常所说的转一圈。单位长度的纱线所具有的捻回数称作捻度。捻度的单位随纱线的细度不同而不同,线密度制捻度 T_t 的单位为"捻/10cm",通常习惯用于棉型纱线;公制支数制捻度 T_m 的单位为"捻/m",通常用来表示精梳毛纱及化纤长丝的加捻程度。粗梳毛纱的加捻程度既可用线密度制捻度,也可用公制支数制捻度来表示。英制支数制捻度 T_e 的单位为"捻/英寸"。

2. 捻回角

加捻前,纱线中纤维相互平行,加捻后,纤维发生了倾斜。纱线加捻程度越大,纤维倾斜就越大,因此可以用纤维在纱线中倾斜角——捻回角 β 来表示加捻程度。捻回角 β 是指表层纤维与纱轴的夹角。捻回角 β 可用来表示不同粗细纱线的加捻程度。两根捻度相同的纱线,由于粗细不同,加捻程度是不同的,较粗的纱线加捻程度较大,捻回角 β 亦较大。

$$\tan\beta = \frac{\pi d}{\dfrac{100}{T_t}} = \frac{\pi d T_t}{100} \tag{3-11}$$

式中:β——捻回角;

   d——纱的直径,mm;

   T_t——纱的捻度,捻/10cm。

3. 捻幅

若把纱线截面看作是圆形,则处在不同半径处的纤维与纱线轴向的夹角是不同的,为了表示这种情况,引进捻幅这一指标。捻幅是指纱条截面上的一点在单位长度内转过的弧长。如用 P_A 表示 A 点的捻幅,则 $P_A = AA'/L = \tan\beta$。

4. 捻系数

捻度测量较方便,但不能用来表达不同粗细纱线的加捻程度。为了比较不同细度纱线的加捻程度,人们定义了一个结合细度表示加捻程度的相对指标——捻系数。

$$\text{线密度制捻系数}:\alpha_t = T_t\sqrt{Tt} \tag{3-12}$$

$$\text{公制支数制捻系数}:\alpha_m = \frac{T_m}{\sqrt{N_m}} \tag{3-13}$$

$$\text{英制支数制捻系数}:\alpha_e = \frac{T_e}{\sqrt{N_e}} \tag{3-14}$$

式中:α_t、α_m、α_e——分别为线密度、公制支数、英制支数制捻系数;

T_t、T_m、T_e——分别为线密度、公制支数、英制支数制捻度;

Tt、N_m、N_e——分别为纱线线密度、公制支数、英制支数。

5. 捻向

捻向是指纱线的加捻方向。它是根据加捻后纤维或单纱在纱线中的倾斜方向来描述的,如图3-4所示。纤维或单纱在纱线中由左下往右上倾斜方向的,称为Z捻向(又称反手捻),因这种倾斜方向与字母Z字倾斜方向一致,故名"Z捻";同理,纤维或单纱在纱线中由右下往左上倾斜的,称为S捻向(又称顺手捻)。一般单纱为Z捻向,股线为S捻向。

股线由于经过了多次加捻,其捻向按先后加捻为序依次以Z、S来表示。如ZSZ表示单纱为Z捻向,单纱合并初捻为S捻,再合并复捻为Z捻。

图3-4 捻向示意

对机织物而言,经、纬纱捻向的不同配置,可形成不同外观、手感及强力的织物。

平纹织物中,若经、纬纱采用同种捻向的纱线,则形成的织物强力较大,但光泽较差,手感较硬。

斜纹组织织物,若纱线捻向与斜纹线方向相反,则斜纹线清晰饱满。

Z捻纱与S捻纱在织物中间隔排列,可得到隐格、隐条效应。

Z捻纱与S捻纱合并加捻,可形成起绉效果等。

6. 捻缩

加捻后,由于纤维倾斜,使纱的长度缩短,产生捻缩。捻缩的大小通常用捻缩率来表示,即加捻前后纱条长度的差值占加捻前长度的百分率。

$$\mu = \frac{L_0 - L}{L_0} \times 100\% \tag{3-15}$$

式中:μ——纱线的捻缩率;

L_0——加捻前的纱线长度;

L——加捻后的纱线长度。

单纱的捻缩率,一般是直接在细纱机上测定。以细纱机前罗拉吐出的须条长度(未加捻的纱长)为L_0,对应的管纱上(加捻后的)的长度为L。股线的捻缩率可在捻度仪上测试,试样长度即为加捻后的长度 L;而退捻后的单纱长度,则为加捻前的长度 L_0。单纱的捻缩率随着捻系数的增大而增加。

股线的捻缩率与股线、单纱捻向有关。当股线捻向与单纱捻向相同时,加捻后股线长度较加捻前的单纱要短,因此捻缩率为正值,且随着捻系数的增大而增加。当股线的捻向与单纱捻向相反时,在股线捻度较小时,由于单纱的退捻作用反而使股线的长度有所变长,捻缩率为负值;当捻系数增加到一定值后,股线又开始缩短,捻缩率再变为正值,且随捻系数的增大而增加。图 3 - 5 曲线 1 为双股同向加捻的股线,曲线 2 为双股异向加捻的股线。

捻缩率的大小,直接影响纺成纱的线密度和捻度,在纺纱和捻线工艺设计中,必须加以考虑。棉纱的捻缩率一般为 2% ~ 3%。捻缩率的大小与捻系数有关外,还与纺纱张力、车间温湿度、纱的粗细等因素有关。

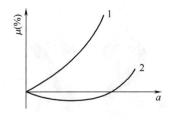

图 3 - 5   股线捻缩率与捻系数的关系

二、纱线捻度的测试

1. 纱线捻度的测试方法

纱线捻度试验的方法有两种,即直接解捻法和张力法。张力法又称解(退)捻—加捻法。在标准大气下进行平衡和测定。

测试捻度的国际标准和国家标准修订以后,试样的隔距由测试 250mm 修改为 500mm,增加了允许伸长,由预备试验确定试验程序等修改,因此,对于纱线捻度仪也提高了要求。

(1)解捻法。将试样在一定的张力下夹持在一定距离的左右纱夹中。让其中一个纱夹回转,回转方向与纱线原来的捻向相反。当纱线上的捻回数退完时,使纱夹停止回转,这时的读数(或被打印记打出)即为纱线的捻回数。由于短纤维纱线解捻时纤维纠缠,难以判断纤维平行纱轴捻度为零,所以这种方法多用于长丝纱、股线或捻度很少的粗纱。

取第一个试样前,退绕并舍弃 5m 纱线。操作中及时固定住纱头,避免捻度损失。棉纱施以 (0.5 ± 0.1) cN/tex 的预加张力。然后将试样固定在试验仪的夹钳上。如果被测纱线在规定的张力下伸长大于等于 0.5% ,则需调整预加张力,使伸长不超过 0.1% ,须在试验中注明。

(2)张力法。又称退捻加捻法。其原理是将试样在一定张力下一定长度的纱先退捻,此时纱线因退捻而伸长,待纱线捻度退完后继续回转,此时纱加上与原来相反的捻向,直到纱线长度捻至与原试样长度相同时,这时的读数为原纱线捻回数的 2 倍。短纤维单纱采用这种方法测定捻度。Y331LN 型纱线捻度仪的结构见图 3 - 6。

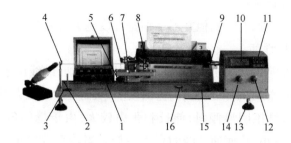

图3-6　Y331LN型纱线捻度仪

1—试用刻度尺　2—导轨　3—备用法码处　4—导纱钩　5—张力砝码　6—张力导向轮　7—伸长标尺
8—张力机构及左夹持器　9—右夹持器及割纱刀　10—显示器　11—键盘　12—调速钮Ⅱ
13—可调地脚　14—调速扭Ⅰ　15—电源开关及常用按键　16—水平指示

取样:如果从一个卷装中取样超过1个,间隔至少1m,如果从一个卷装中取样超过2个,则应分组,每组不超过5个试样,各组间有数米的间隔。

预加张力,施以(0.5±0.1)cN/tex的预加张力。

限位位置确定:按规定的要求夹好试样,以800r/min或更低的速度转动夹钳,直到纱线中纤维产生明显滑移。读取断裂瞬间的伸长值,没有断裂的读取反向加捻前的最大值。试验5次求出平均值,以伸长值的25%作为限位位置。

记录相关数据计算。

2. 影响纱线捻度检测结果的因素

影响纱线捻度检测结果的主要因素有试样长度及数量、实验设备及参数、温湿度的变化等。

(1)试样长度及数量。夹持隔距长度和试样数量会影响测试结果的代表性。隔距长度增加,试样的代表性增加,但试样过长会造成退捻计数测量误差(如纤维滑移)的增加,所以隔距长度要适度。实验室测试按照标准进行。

(2)实验设备及参数。设备差异及参数设定影响测定结果,如张力过大,使纱线伸长;张力过小,纱线伸直度受影响,尤其是退捻加捻法对预加张力非常敏感。一般纱线除了精梳毛纱外,预加张力为(0.50±0.10)cN/tex;精梳毛纱根据捻度确定预加张力。纱线的允许伸长值的大小也会使测试结果不同,确定每批纱线允许伸长值都要在捻度试验前的预备程序中单独测试确定。另外,只有采用相同实验设备结果才具有可比性。

(3)温湿度的变化。温湿度的变化并不直接影响纱线捻度,但相对湿度的大幅度改变会造成纤维材料黏弹性的变化,从而影响到解捻计数的结果。所以,国家标准GB/T　6529—2008规定,纱线捻度测定需进行调湿,然后再进行试验。

三、加捻程度对纱线性能的影响

纱线加捻后,直接影响其强度、弹性、伸长等内在质量指标,同时也影响其粗细、手感及光泽等外观指标。

1. 加捻对纱线强度的影响

加捻使纤维形成纱线、获得强力,但并不是加捻程度越大,纱线的强力就越大,要根据产品实际需要确定合理的加捻程度。

加捻使纤维对纱轴的向心压力加大,纤维间的摩擦力增加,纱线由于纤维间滑脱而断裂的可能性减少,随着捻度的增加,弱环处得到的捻回较多,从而使纱线强力提高。

然而捻系数增加时,纤维明显倾斜,伸长和张力较大,由于捻回角的增大,使纤维倾斜,纤维对纱线轴向的分力减小,从而使纱线的强力降低。当捻系数较小时,积极因素起主导作用,表现为纱线强度随捻系数的增加而增加;当捻系数达到某一值时,表现为不利因素起主导作用,纱线的强度随捻系数的增加而下降,纱的强度达到最大值时的捻系数叫作临界捻系数,如图 3 – 7 所示中的 α_k,相应的捻度称作临界捻度。工艺设计的捻度一般都小于临界捻系数,以在保证细纱强度的前提下提高细纱机的生产效率。各种纤维品种纱线其临界捻系数并不相同。

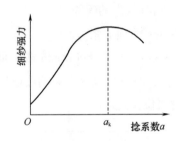

图 3 – 7　纱线强度与纱线捻系数的关系

股线加捻使股线强度提高的因素有条干均匀度的改善、单纱之间摩擦力的提高。股线的捻系数对股线的影响较单纱复杂。当股线捻向与单纱捻向相同时,加捻使纱线的平均捻幅增加,但内、外层捻幅差异加大,在受到外力拉伸时,各层受力不匀较大。当股线捻系数较大时,有可能使股线强度随捻系数的增加而下降。当股线捻向与单纱捻向相反时,开始随股线捻系数的增加,平均捻幅下降的因素大于捻幅分布均匀的因素,有可能使股线强度下降;当捻系数达到一定值后,随系数的增加,平均捻幅开始上升,捻幅分布渐趋均匀,有利于纤维均匀承受拉伸外力,使股线强度逐渐上升。在反向加捻时,一般当股线捻系数与单纱捻系数的比值等于 1.414 时,股线各处捻幅分布均匀,强度最高,结构最均匀、最稳定。当捻系数超过这一值后,随股线捻系数的增加,捻幅分布又趋于不匀,股线强度又开始逐渐下降。

2. 加捻对纱线直径和密度的影响

捻系数大时纱中纤维密集,纤维间的空隙减小,纱的密度增加,直径减小。当捻系数增加到一定值后,纱中纤维间的可压缩性变得很小,密度和直径变化不大,相反由于纤维过于倾斜有可能使纱的直径稍有增加。

股线的直径和密度与股线、单纱捻向也有关。当股线捻向与单纱捻向相同时,捻系数与密度和直径的关系同单纱相似。当股线与单纱捻向相反时,在股线捻系数较小时,由于单纱的退捻作用,会使股线的密度减小,直径增大,随着捻度的加大使密度增大,而直径逐渐减小。

3. 加捻对纱线断裂伸长的影响

细纱的捻系数增加时,纤维伸长变形加大,影响承受拉伸变形能力,纤维在纱中的倾斜程度增加,纤维间较难滑动,纱线断裂伸长有所减小。但随着捻系数的增加,受拉伸时有使纤维倾斜程度减小、纱线变细趋势,从而使纱线断裂伸长率增加。总体说来,在一般采用的捻系数范围内,积极因素占主导,所以捻系数的增加,单纱的断裂伸长率增加。

对于同向加捻股线,捻系数对纱线断裂伸长的影响同单纱。对异向加捻股线,当捻系数较小时,股线的加捻意味着对单纱的退捻,股线的平均捻幅随捻系数的增加而下降,所以股线的断裂伸长率稍有下降,当捻系数达到一定值后,平均捻幅又随捻系数的增加而增加,股线的断裂伸长率也随之增加。

4. 加捻对纱线弹性的影响

纱线的弹性取决于纤维的弹性与纱线结构两个方面,而纱线结构主要由纱线加捻来形成,对单纱和同向加捻的股线来说,加捻使纱线结构紧凑,纤维滑移减少,表现为伸展性增加,在合理的捻系数范围内,随捻系数的增加,纱线弹性增加。

5. 加捻对纱线光泽和手感的影响

纱线的捻系数较大时,纤维倾斜角较大,光泽差、手感较硬。

单纱和同向加捻的股线,由于加捻使纱线表面纤维倾斜,并使纱线表面变得粗糙不平,纱线光泽变差,手感变硬。异向加捻股线,当股线捻系数与单纱捻系数之比为 0.707 时,外层捻幅为零,表面纤维平行于纱轴向,此时股线光泽好,手感柔软。

☞任务实施

一、操作仪器、用具及试样

试验仪器 Y331LN 型纱线捻度仪,分析针,试样为 13tex 的棉纱,测试股线捻度用 13tex ×2 棉线。

二、测试标准

GB/T 2543.2—2001《纺织品 纱线捻度的测定 第2部分:退捻加捻法》;

GB/T 6529—2008《纺织品 调湿和试验用标准大气》。

三、操作步骤

1. 操作准备与参数设置

(1)打开电源开关,显示器显示信息参数。

(2)速度调整(1000 ±200)r/min。

(3)参数设定:测试隔距棉纱500mm,预加张力砝码(0.5 ±0.1)cN/tex 的要求调整,设置捻回数,确定允许伸长的限位位置。

(4)相对湿度的变化会引起某些材料试样长度的变化,从而对捻度有间接的影响。因此调湿及测试用标准大气应符合 GB/T 6529—2008 的规定。

(5)根据产品标准或协议的有关规定抽取样品。

2. 操作

（1）测试，引纱操作。

（2）输入测试次数、线密度、试验方法（退捻加捻 A 法：F1，退捻加捻 B 法：F2）、捻向。

（3）方法 A：一次法。按"启动"键，右夹持器旋转开始解捻，解捻停止后再反向加捻，直到左夹持器指针返回零位，仪器自动停止，零位指示灯亮起，仪器显示完成次数、捻回数/m、捻回数/10cm、捻系数。重复以上操作，直至达到设置次数。按"打印"键，打印统计值。

（4）方法 B：二次法。取试样设计捻度的 1/4，或用方法 A 测得捻回数的 1/4 为依据设置捻回数。执行方法 A 的全部程序后不要把计数器置零。取第二个试样并按照上述要求将其固定在夹持器之间，按"启动"键，右夹持器旋转开始解捻，当退掉上述设置捻回数时，电动机反向加捻至零位指示灯亮，电机自动停止，并显示完成次数、捻回数/m、捻回数/10cm、捻系数。重复以上操作，直至达到设置次数做完测试。按"打印"键，打印统计值。

（5）股线采用退捻法进行。

3. 结果分析

（1）记录：试样名称与规格、仪器型号、仪器工作参数、环境温湿度及原始数据。

（2）计算：试样平均捻度、捻系数及捻度不匀率。

序号	1	2	3	4	5	6	7	8	9	10
捻回数	11	12	13	14	15	16	17	18	19	20

四、任务拓展

（1）纱线捻度对纱线性能有哪些影响？

（2）张力法测定纱线捻度时如何确定预加张力和伸长量？

项目 3-4 纱线条干均匀度检验

【项目任务】

某棉纺生产公司，生产某种纯棉纱，现需测定其条干均匀度，并出具检测报告。

纱线的细度均匀度是指沿纱线长度方向粗细的变化程度。纺织品的质量，在很大程度上取决于纱线细度均匀度，用不均匀的纱线织成布时，织物上会呈现各种疵点，影响织物外观质量。在织造工艺过程中，会导致断头率增加，生产效率下降。

（1）按照纱线线密度测试的方法、标准进行棉纱线的线密度测试。

（2）按照纱条条干不匀试验的方法标准进行条干均匀度仪测试。

（3）依据纯棉纱线条干的标准样照（对应实物标准）进行黑板条干法条干不匀测试。

目光检验法:用摇黑板机将纱线绕在规定尺寸的黑板(250mm×220mm×2mm)上,数量是10块板。在暗房里将黑板放在标准照明条件下与标准样照对比确定纱线的条干级别,按照纯棉纱线方法标准要求进行检测。

【项目要求】

1. 在学习查阅相关资料和标准的基础上,采用分组讨论的方式,制订工作计划,并写出实施方案。

2. 在教师的指导下,以小组为单位,学生在纺织检测实训室,按照标准分别检测一种棉纱的条干均匀度。

3. 安全、规范地使用仪器及化学试剂,并做好实验场地的清洁整理工作。

4. 完成检测报告。

5. 小组互评,教师点评。

一、表示纱线条干均匀度的指标

1. 平均差系数(H)

平均差系数是指各测试数据与平均数之差的绝对值的平均值对测试数据平均值的百分比。公式如下:

$$H = \frac{\sum |X_i - \overline{X}|}{n\overline{X}} \times 100\% = \frac{2n_1(\overline{X} - \overline{X}_1)}{n\overline{X}} \times 100\% \qquad (3-16)$$

式中:H——平均差系数;

　　X_i——第 i 个测试数据;

　　n——测试总个数;

　　n_1——平均数以下的个数;

　　$\overline{X}$——n 个测试数据的平均数;

　　$\overline{X}_1$——平均数以下的平均数。

用上式计算的纱线百米重量间的差异称为重量不匀率。

2. 变异系数(CV)(均方差系数)

变异系数是指均方差占平均数的百分率。均方差是指各测试数据与平均数之差的平方和的平均值之平方根。计算公式如下:

$$CV = \frac{\sqrt{\dfrac{\sum (X_i - \overline{X})^2}{n}}}{X} \times 100\% \qquad (3-17)$$

式中:CV——变异系数或称均方差系数;

　　X_i——第 i 个测试数据;

　　n——测试总个数;

$\overline{X}$——n 个测试数据的平均数。

3. 极差系数(R)

极差系数是指测试数据中最大值与最小值之差占平均值的百分率叫极差系数。计算公式如下：

$$R = \frac{X_{max} - X_{min}}{\overline{X}} \times 100\% \qquad (3-18)$$

式中：R——极差系数；

X_{max}——各个片段内数据中的最大值；

X_{min}——各个片段内数据中的最小值；

$\overline{X}$——n 个测试数据的平均数。

根据国家标准规定，目前各种纱线的条干不匀率已全部用变异系数来表示，但某些半成品（纤维卷、粗纱、条子等）的不匀率还用平均差不匀或极差不匀表示。

二、纱线条干不均匀产生的主要原因

1. 原料的差异形成

纤维在纱条纤维的随机排列，截面内纤维根数有差异，其自身长度、细度、结构和形态等是不均匀的，这种由于原料的差异会引起纱线条干的不匀。

2. 纤维的随机排列

假如纤维是等长和等粗细的，且纱线中纤维都是伸直平行，纺纱设备和纺纱工艺等都无缺陷，纱线还是会产生不均匀，这是由于纱条截面内纤维根数是随机分布的，这种不匀是最低的极限不匀，又称极限不匀。

3. 机械设备及工艺

在纺纱过程中，由于纤维混合不均匀，牵伸工艺不良等及各道加工机器上，具有周期性运动的部件的缺陷会给纱条条干造成周期性粗细变化（如罗拉偏心、齿轮缺齿、皮圈破损等），由此造成机械波。

4. 随机事件

突发事件引起的不匀原因一般比较特殊，如飞花、设备间歇故障、操作不良、车间温湿度等，多数时候会表现为疵点的快速上升或特大疵点的出现，有时也会出现机械波。

三、纱线条干均匀度的测试与分析

1. 纱线细度不匀率测试

（1）目光检验法，又称黑板条干法。黑板条干检测法采用了黑板条干目测来检测纱线条干均匀度和棉结杂质，检测仪器先后采用了 Y381（图 3-8）、Y381A 型摇黑板机，即用摇黑板机将纱线绕在规定尺寸的黑板（250mm×220mm×2mm）上（图 3-9），在暗房里将黑板放在标准照明条件下，用目光观察黑板的阴影、粗节、严重疵点（依据标准文本规定）等情况，与标准样照对比确定纱线的条干级别，棉纱线的条干分为优级、一级、二级和三级。该方法简便、迅速、直观，与布面疵点关系密切，但受主观因素影响。

图 3 - 8　YG381 型摇黑板机　　　　　　　　图 3 - 9　黑板

（2）切断称重法。用缕纱测长器取得一定长度的绞纱若干绞,每一绞称为一个片段,分别称得每一绞纱线的重量,代入式(3 - 16)求得重量不匀,代入式(3 - 17)求得片段间不匀。片段长度按规定棉型纱线为 100m,精梳毛纱为 50m,粗梳毛纱为 20m,苎麻纱 49tex 及以上为 50m、49tex 以下为 100m,生丝为 450m。

（3）电容式条干均匀度仪试验法。当前使用最广泛的电子条干均匀度仪,是电容式条干均匀度仪,我国有 YG133 型和 YG135 型及 YG137 型均匀度仪,国外简称乌斯特均匀度仪。这是目前技术含量最高,也是最贵的条干测试仪。其指标多,信息全面,是进行质量分析与质量预测的有力工具。

电容式条干均匀度仪的工作原理:仪器的测试部分为平行金属平板组成的电容器,因为纤维材料的介电系数大于空气的介电系数,当纱条试样以一定的速度进入由两平行金属极板组成的空气电容器时,会使电容器的电容量增大。当连续通过电容器极板间的纱条的线密度变化时,电容器的电容量也相应变化。将电容量的变化转换成电量的变化,即可得到纱条的线密度的不匀率,可用平均差系数 H 或变异系数 CV 表示。因为由纱条线密度不匀引起的电容量的变化,在数值上是很小的,所以需用灵敏度较高的电路进行测量。

YG137 型条干均匀度测试仪如图 3 - 10 所示。试样以一定的速度受胶辊牵引通过电容检测槽,将其单位长度的质量(线密度)变化转变为相应的电信号,经放大后,对信号进行均值归一化调整,然后分别进行 CV 值处理、波谱处理、疵点处理、DR 值处理及不匀曲线图的处理,并将各自的处理结果送至主机进行综合处理以及对测试结果进行显示、打印及存储等。

主要功能:画出不匀曲线,测出纱线的不匀率,记录粗节、细节、棉结疵点数(表 3 - 4),作出波谱图、绘出变异系数—长度曲线、测出偏移率 DR 值、绘出线密度频率分布图(质量分布图)、测出平均值系数 AF 值。

表 3 - 4　粗节、细节、棉结的设定

棉结	+400%	+280%	+200%	+140%
粗节	+100%	+70%	+50%	+35%
细节	-60%	-50%	-40%	-30%

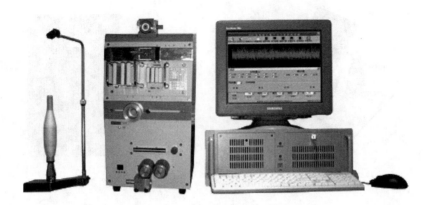

图 3 – 10　YG137 型纱线条干均匀度测试仪

2. 纱线细度不匀分析

(1)长片段不匀和短片段不匀。出现不匀的间隔长度(波长)是纤维长度的 1 ~ 10 倍,1m 以下为间隔的不匀,称为短片段不匀;波长是纤维长度的 10 ~ 100 倍,几米为间隔的不匀,称为中片段不匀;波长是纤维长度的 100 ~ 3000 倍,几十米为间隔的不匀,称为长片段不匀。用短片段不匀较高的纱进行织造时,几个粗节或细节在布面上并列一起的概率较大,容易出现布面疵点,对布面质量影响较大。长片段不匀的纱线织成的布面会出现明显的横条纹,对布面影响也较大。相对而言中片段不匀的纱织造时布面出现疵点的明显度稍低一些,而且还与布幅有关,当呈现某种倍数关系时将出现明显疵点(条影或云斑)。

切断称重法测得的缕纱重量不匀是长片段不匀;黑板条干法测得的不匀,比较的是几厘米至几十厘米纱线的表观直径的不匀,是短片段不匀;电容式条干均匀度仪可通过变异系数—长度曲线反映出长片段、中片段和短片段不匀的情况。

(2)片段的内不匀、间不匀和总不匀。片段与片段之间的粗细不匀,称为片段间不匀或外不匀,记为 CV_e;而每一片段内部还存在着粗细不匀,片段内部的不匀称为片段内不匀,记为 CV_i;外不匀和内不匀共同构成了纱线的总不匀。若用变异系数 CV 值来表示纱线的不匀率,则内不匀、外不匀和总不匀三者之间的关系如下式。

$$CV^2 = CV_e^2 + CV_i^2 \qquad (3 – 19)$$

式中:CV——纱线的总不匀;

　　CV_e——纱线的外不匀;

　　CV_i——纱线的内不匀。

(3)纱线不匀与片段长度的关系。若纱线的条干不匀曲线呈现出如图 3 – 11 所示的情况,不难看出,试样长度越长,则内不匀率越大,外不匀越小;当片段长度趋于零时,纱线的内不匀率趋于零,外不匀率趋于总不匀率。CV、CV_e、CV_i 与片段长度之间的关系如图 3 – 12 所示。

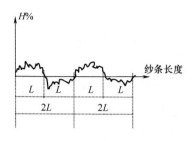

图3-11 特殊的纱线不匀曲线

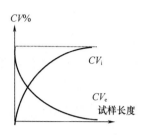

图3-12 内外不匀率与试样长度的关系

(4)纱线不匀的波谱分析。如果纱线的不匀只是由于纤维在纱中的随机排列引起的,而不存在由于纤维性能不均、工艺不良,机械不完善引起的不匀,则纱条的不匀如图3-13(a)所示,为理想波谱图。如果纤维是不等长的,则纱条的不匀较理想的要大,得到的实际波谱图较理想的要高,如图3-13(b)所示;如果工艺不良,则在波谱图中会出现"山峰",如图3-13(c)所示;如果牵伸机构或传动齿轮不良,则在波谱图中会出现"烟囱",如图3-13(d)所示。

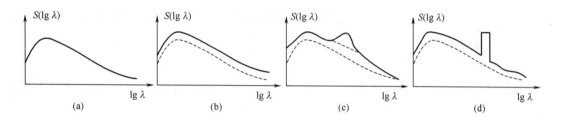

图3-13 纱条的波谱分析

各道加工机器上,具有周期性运动的部件的缺陷会给纱条条干造成周期性的粗细变化(如罗拉偏心、齿轮缺齿、皮圈破损等),由此造成机械波。机械波在波谱图中表现为柱状突起,一般只在一个或两个频道上出现。而由于牵伸倍数选择不当或牵伸机构调整不好(加压过轻过重、隔距过大过小等),致使纱条在牵伸时部分纤维得不到良好的控制,造成条干不匀,由此造成牵伸波。牵伸波在波谱图中表现为小山,一般连续在五个或更多的频道上出现。

波谱图的后部常有空心柱的频道,这是试样较短时给出的信度偏低的提示,此空心柱部分可作参考,若有疑虑,就加长试样测试。

☞ 任务实施

一、操作仪器、用具及试样

试验仪器 YG381型摇黑板机、YG086型缕纱测长仪、YG137型条干均匀度测试仪、YG747型通风式快速烘箱,250mm×220mm×2mm黑板十多块(颜色统一无花斑、有光泽且平整)、纱线条干均匀度标准样照、浅蓝色底板纸、黑色压片、暗室、检验架及规定的灯光设备等。试样为13tex棉纱。

二、测试标准

GB/T 4743—2009《纺织品 卷装纱 绞纱法线密度的测定》;

GB/T 6529—2008《纺织品 调湿和试验用标准大气》;

GB/T 9995—1997《纺织材料含水率和回潮率的测定 烘箱干燥法》;

GB 9994—2008《纺织材料公定回潮率》;

GB/T 3292.1—2008《纺织品 纱线条干不匀试验方法 第1部分电容法》;

FZ/T 01035—1993《纺织材料标示线密度的通用制(特克斯制)》。

三、测试原理

(1)采用绞纱法测试纱线线密度就是根据特克斯的定义,测定100m纱线的重量,折算公定回潮率的重量。

(2)黑板纱线条干均匀度与标准样照进行比对,将其评价结果与标准样照进行对比,从而评定纱线的条干不匀,测试结果会因人而变化。

(3)电容式均匀度仪通过电容器极板间的纱条的线密度变化时,将电容量的变化转换成电量的变化,即可得到纱条的线密度的不匀率数据。

四、操作准备与参数设置

试样准备:按相关规定,采用筒子纱(直接纬纱用管纱)用户对产品质量有异议时,则以成品质量检验为准。

1. 预调湿与调湿

将试样预调湿至少4h,然后暴露于实验用标准大气中24h或暴露至少30min,连续称重质量变化不大于0.1%。

2. 摇取试验绞纱

按规定的试样长度及卷绕张力摇取绞纱,结头应短于1cm。当线密度介于12.5~100tex时,长度取100m,当线密度大于100tex时,长度取10m。摇纱张力取(0.5 ± 0.1)cN/tex。

3. 称量计算

测量百米重量变异系数CV,直接称量调湿试验绞纱的质量。

五、操作步骤

1. 线密度及百米重量不匀率测试

(1)启动缕纱测长仪,摇出缕纱,作为待测试样。每缕纱线长度为100m。

(2)对每缕纱(共30缕)依次称重,并称总质量(精确至0.01g)。

(3)测量调湿纱线的线密度:直接称量调湿测试缕纱的质量。

(4)使用烘箱将试样烘至恒重,称重测量纱线回潮率。

2. 条干不匀测试步骤

(1)黑板条干法测试步骤:

①摇取试样。将黑板卡入YG381型摇黑板机的固定夹中,以规定的密度(每50mm宽度内绕20圈纱)均匀地绕在黑板上。每份试样摇一块黑板,共摇取10块黑板。

②目光检验法。棉纱的条干均匀度以黑板对比标准样照作为评定条干均匀度的主要依据。与标准样照对比,好于或等于优等样照的,按优等评定;好于或等于一等样照的,按一等评定;差于一等样照的评为二等。黑板上阴影、粗节不可相互抵消,以最低一项评等;如有严重疵点,评

为二等;严重规律性不匀,评为三等。

(2)条干均匀度仪法测试步骤:

①仪器预热:打开电源开关,仪器首先进入操作系统,然后计算机自动进入测试系统,仪器预热20min。

②参数设置:选择合适的试样类型,选择合适的幅度,进行比例设置,测试速度设置,输入测试所需的文件名、使用的单位名称、测试者姓名、线密度、锭号等内容。

③测试前准备:无料调零、张力调整、测试槽的选择。

④测试:测试完成后,单击"打印"不匀曲线、波谱图、报表选项。

⑤需经常用毛刷清扫测试槽周围的飞花,用薄纸片或皮老虎清洗测试槽内的杂物。

六、结果分析

(1)记录:试样名称与规格、仪器型号、仪器工作参数、环境温湿度、原始数据及评比结果。

(2)计算:纱线的线密度、百米重量不匀率及重量偏差。

结果记录

序号	1	2	3	4	5	6	7	8	9	10
数据										

七、任务拓展

(1)纱线的重量不匀率和条干均匀度分别代表什么含义?

(2)纱线目光检验法与电容式条干均匀度仪试验法有何不同?

(3)学会操作电容式条干均匀度仪、电容式条干均匀度仪,分析纱线的各种不匀率数据。读懂数据,对各种数据能做出分析评价,结合实际能否找到产生不匀的原因。

项目3-5 纱线毛羽检验

【项目任务】

某棉纺公司,生产某种纯棉纱,现需测定其毛羽量,并出具检测报告。

纱线毛羽是伸出纱线主体的纤维端或圈,其情况错综复杂,作用随纱线用途而异。下面介绍毛羽的形态特征指标及检测方法。

【项目要求】

1. 在学习查阅相关资料和标准的基础上,采用分组讨论的方式,制订工作计划,并写出实施方案。

2. 在教师的指导下,以小组为单位,学生在纺织检测实训室,按照标准分别检测一种棉纱的毛羽。

3. 安全、规范地使用仪器,并做好实验场地的清洁整理工作。

4. 完成检测报告。

5. 小组互评,教师点评。

一、毛羽的形态及特征指标

1. 毛羽的形态

毛羽的情况错综复杂,千变万化。伸出纱线的毛羽可以有线状的(纤维头端)、圈状的(纤维圈)、簇状的(纤维集合体)。毛羽的性状不仅与纺纱方法、纤维的特性、纤维的平行顺直程度、捻度、纱线的线密度等因素有关,还与纺纱的工艺参数、机械条件和车间温湿度等有密切的关系。不同的纺纱形式、纱线结构,毛羽会呈现不同的方向性。毛羽形态大致分为四种:顺向毛羽、倒向毛羽、两向毛羽、乱状毛羽,并在纱线表面呈随机分布。据实验可知,管纱的毛羽分布,一般是小纱部分产生的毛羽比满纱时多20%~30%。其中顺向毛羽占75%,倒向毛羽占20%,两向毛羽占0.4%~1%,凝聚毛羽占3%~6%。

2. 毛羽的特征指标

(1)单位长度的毛羽数(n_f)。它是最常用的纱线毛羽指标,反映毛羽的密度。试验表明,毛羽在纱线长度方向的分布符合泊松定律。考虑到所有纤维都有可能在纱线表面形成两个自由端(毛羽),每米纱线中纤维端头的平均数 n_f 可按下式计算纱线毛羽的近似值:

$$n_f = \frac{2 \times 10^3 Tt_y}{Tt_f l_f} \qquad (3-20)$$

式中:Tt_y——单纱平均线密度,tex;

$\quad Tt_f$——纤维平均线密度,tex;

$\quad l_f$——纤维长度的平均值,mm。

我国采用单位长度纱线内单侧面上伸出长度超过某设定长度的毛羽累计数来表示,称为毛羽指数。

(2)毛羽值 H(毛羽指数)。毛羽值 H 的定义为毛羽测试单元测试近1cm长的纱线上突出的纤维长度的总和。如毛羽值 H 为4.0,表明测试区域为1cm时突出纤维的长度总和为4cm。毛羽值 H 没有单位。毛羽指数定义为在一定试样长度中,毛羽在检测光路中因漫反射而产生的光量,折算成的纤维长度。

二、纱线毛羽的测试方法

1. 目测评定法

此法直观,综合性强,但只能作比较判断,没有具体数据。

2. 烧毛失重法

采用烧毛方法去除毛羽,根据有毛羽纱线和无毛羽纱线的重量差值来评定纱线的毛羽情况。此法是直观的、方便的,但变化条件多,较难控制(如火焰温度、纱线速度、纤维品种、回潮率等),只能求得毛羽总重量而无法计算其数量、平均长度等,因而准确度较低。

3. 光学投影法

此法只能测试一个侧面的毛羽数,因纱线的四周都有毛羽,所以其测试结果与纱线实际存在的毛羽数成正比。其测试原理是连续运动的纱线在通过检测区时,凡大于设定长度的毛羽就会相应地遮挡投影光束,使光电传感器产生信号,经电路工作而计数、显示和输出结果。可根据需要选取毛羽设定长度和纱线片段长度,精度要求在0.1mm以内。对所测片段长度纱线中的毛羽数能自动计数,可以用数字显示或打印。用标准信号校验计数,要求误差±0.25%。纱线张力仪用来校验纱线的张力,分度值不大于1cN。根据需要可以改变测试速度、试验次数和张力。

图3-14为YG171L型纱线毛羽测试仪。本机采用高可靠LED可见光光源将纱线、毛羽投影成像,利用高速计数采集方法结合微机,把毛羽挡光引起的变化转换成电信号,由计算机进行信号处理、记数统计和显示。

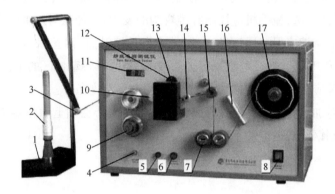

图3-14 YG171L型纱线毛羽测试仪

1—试样座　2—纱管试样　3—导纱轮　4—张力调零　5—静电开关　6—罗拉离合　7—卷绕罗拉
8—电源开关　9—张力施加器　10—静电施加器　11—张力显示　12—窗检具施加器
13—电源发生器　14—试样定位轮　15—张力传感器　16—纱线卷绕器　17—绕纱盘

参数:毛羽设定长度的精确度高,检测段的纱线走纱稳定,光、电各参数在开机使用中由微机按设计要求自动检测、校正,故仪器测试数据稳定,误差小。仪器可一次测得1~8mm共8档毛羽长度的毛羽指数,可客观反映纱线毛羽的分布规律,检测过程中可随时掌握、调整动态纱线张力,且可对纱线施加静电,让依附在纱线主体上的浮动毛羽张开,便于准确检测。

各种纱线毛羽设定长度、纱线片段长度、每个卷装测试次数和卷装数见表3-5。

表3-5 各种纱线毛羽试验的测试参数值

纱线种类	毛羽设定长度(mm)	纱线片段长度(mm)	每个卷装测试次数	卷装数
棉纱线及棉型混纺纱线	2	10	10	12
毛纱线及毛型混纺纱线	3	10	10	12
中长纤维纱线	2	10	10	12

纱线种类	毛羽设定长度(mm)	纱线片段长度(mm)	每个卷装测试次数	卷装数
绢纺纱线	2	10	10	12
苎麻纱线	4	10	10	12
亚麻纱线	2	10	10	12

用张力仪给纱线施加张力,毛纱线的张力为(0.25 ± 0.025)cN/tex,其他纱线的张力均为(0.5 ± 0.1)cN/tex。

三、减少纱线毛羽的措施

降低成纱毛羽是一项综合性的工作,它是原料、设备、操作、工艺、环境等各项因素的综合体现。首先要根据原料变化情况合理选择,注意控制纤维的线密度、长度、整齐度及其短绒率;其次要加强专件器材的优选,梳棉机应控制纤维弯钩的发生率,加强对短绒的排除,防止纤维的扩散;为减少对纤维的摩擦应保持通道光洁,尽量减小其接触面,钢丝圈的形状、截面形状、重量、使用寿命等;调整纺织工艺,提高纤维平行伸直度,适当选择各牵伸区的工艺参数,如罗拉隔距、牵伸倍数、捻系数等应合理选择与搭配;应选择适当的温湿度条件。

此外,要加强对加捻卷绕机件的保养。因为锭子的偏心会引起气圈偏而增加毛羽;锭子和筒管的振动,会加剧钢丝圈运动的不稳定性,使毛羽增加。

☞ 任务实施

一、操作仪器、用具及试样

YG171L型纱线毛羽测试仪、棉纱等。

二、测试标准

标准为 FZ/T 01086—2000《纺织品 纱线毛羽测定方法投影计数法》。

三、操作步骤

(1)连线:串行通信线、计算机、打印机(选用)连接起来。

(2)开机:开电源,工作指示灯正常闪烁;再打开测试软件,对弹出的串口选择对话框按"选定",初始化结束后,表示连接成功。

(3)测试条件设置:包括纱线品种、卷装形式、取样时间、试验次数、片段长度、环境温度、相对湿度、操作人员等。

(4)将纱管或纱筒装在纱管架上,用手将纱盘逆时针转动数圈,使纱线绕于纱盘上,准备测试。

(5)用张力仪给纱线加张力,毛纱为(0.25 ± 0.025)cN/tex,其他纱线为(0.5 ± 0.1)cN/tex。

(6)测试:走纱、测试、结束、停纱。

(7)记录与计算:

纱线品种_____片段长度_____

次数	1mm	2mm	3mm	4mm	5mm	6mm	7mm	8mm
1								
2								
3								
4								
5								
平均值								
毛羽指数								
不匀率								
极差								

四、任务拓展

了解毛羽对纺织产品的影响。

项目3-6 本色棉纱分等

【项目任务】

某棉纺公司,生产某种纯棉纱,现需对其品等进行测定,并出具检测报告。

为了保证最终产品的质量满足用户需要,必须对纱线进行品等质量评定。棉纱线的品质评定包括内在质量和外观质量两个方面,掌握棉纱品等方法、纱线品等评定是考核纺纱厂产品质量和贯彻"优质优价""优质优用"等原则所必需的,在产品验收中它可作为生产部门与商业部门质量评定的依据,并以此分析和提高纱线的质量。

本任务要求学会以20tex为例,对棉纱进行品质评定。

按照GB/T 398—2008《棉本色纱线》标准所规定棉纱线技术指标及分等规定进行棉纱线的品等测试,掌握各项指标的计算,理解纱线品等测试的意义,从而达到举一反三的目的。

按照标准规定的棉纱线的技术指标进行测定,根据每一项结果按照技术指标进行评定。单纱测定共八项任务(不包括捻系数):

(1)单纱断裂强力变异系数CV指标测试;

(2)百米重量变异系数CV测试;

(3)单纱断裂强度测试;

(4)百米重量偏差测试;

(5)条干均匀度测试;

(6)1g棉纱内棉结粒数测试;

(7)1g棉纱内棉结杂质总粒数测试;

(8)十万米纱疵指标测试。

棉纱线的质量评定分为优等、一等、二等三个等别,低于二等指标者为三等。当八项的品等不同时,按八项中最低项定等。

股线的技术要求中,不设条干均匀度和十万米纱疵的指标。

【项目要求】

1. 在学习查阅相关资料和标准的基础上,采用分组讨论的方式,制订工作计划,并写出实施方案。

2. 在教师的指导下,以小组为单位,学生在纺织检测实训室,按照标准对棉纱进行品等检测。

3. 安全、规范地使用仪器及化学试剂,并做好实验场地的清洁整理工作。

4. 完成检测报告。

5. 小组互评,教师点评。

一、棉本色纱线的质量指标

GB/T 398—2008 标准规定了棉本色纱线的产品分类、要求、试验方法、检验规则和标志、包装,适用于鉴定环锭机制棉纱线的质量,不适用于鉴定特种用途棉纱。

1. 产品品种规格

棉纱线的品种规格是用公称线密度划分的。单纱从 4~192tex 共列有 58 个规格,14.5tex 和 19.5tex,相当于 40 英支和 30 英支,作为保留规格,一共 60 个规格;双股线(4tex×2)~(80tex×2)共列有 53 个规格,另有 14.5tex×2 和 19.5tex×2,作为保留规格,一共 55 个规格;三股线从 4tex×3~30tex×3 共列有 31 个规格。

2. 棉纱线技术指标及分等规定

棉纱线技术指标及分等规定见表 3-6,棉纱线的技术指标分为单纱断裂强力变异系数、百米重量变异系数、条干均匀度、1g 纱内棉结粒数、1g 纱内棉结杂质总粒数、单纱断裂强度、百米重量偏差、十万米纱疵和经纬实际捻系数。股线的技术要求中,不设条干均匀度和十万米纱疵。

表 3-6 梳棉纱的技术要求

线密度(tex)	品等	单纱断裂强力变异系数 CV(%) ≤	百米重量变异系数 CV(%) ≤	单纱断裂强度(cN/tex) ≥	百米重量偏差(%)	条干均匀度		1g 棉纱内棉结粒数(粒/g) ≤	1g 棉纱内棉结杂质总粒数(粒/g) ≤	实际捻系数		十万米纱疵(个/10⁵m) ≤
						黑板条干均匀度 10 块比例(优:一:二:三)不低于	条干均匀度变异系数 CV(%) ≤			经纱	纬纱	
8~10(70~56 英支)	优	10.0	2.2	15.6	±2.2	7:3:0:0	16.5	25	45	340~430	310~380	10
	一	13.0	3.5	13.6	±2.5	0:7:3:0	19.0	55	95			30
	二	16.0	4.5	10.6	±3.5	0:0:7:3	22.0	95	145			—

续表

线密度（tex）	品等	单纱断裂强力变异系数 CV（%）≤	百米重量变异系数 CV（%）≤	单纱断裂强度（cN/tex）≥	百米重量偏差（%）	条干均匀度		1g 棉纱内棉结粒数（粒/g）≤	1g 棉纱内棉结杂质粒数（粒/g）≤	实际捻系数		十万米纱疵（个/10^5m）≤
						黑板条干均匀度 10 块比例（优：一：二：三）不低于	条干均匀度变异系数 CV（%）≤			经纱	纬纱	
11~13（55~44 英支）	优	9.5	2.2	15.8	±2.2	7：3：0：0	16.5	30	55	340~430	310~380	10
	一	12.5	3.5	13.8	±2.5	0：7：3：0	19.0	65	105			30
	二	15.5	4.5	10.8	±3.5	0：0：7：3	22.0	105	155			—
14~15（43~37 英支）	优	9.5	2.2	16.0	±2.2	7：3：0：0	15.5	30	55	330~420	300~370	10
	一	12.5	3.5	14.0	±2.5	0：7：3：0	18.0	65	105			30
	二	15.5	4.5	11.0	±3.5	0：0：7：3	21.0	105	155			—
16~20（36~29 英支）	优	9.0	2.2	16.2	±2.2	7：3：0：0	15.5	30	55	330~420	300~370	10
	一	12.0	3.5	14.2	±2.5	0：7：3：0	18.0	65	105			30
	二	15.0	4.5	11.2	±3.5	0：0：7：3	21.0	105	155			—
21~30（28~19 英支）	优	8.5	2.2	16.4	±2.2	7：3：0：0	14.5	30	55	330~420	300~370	10
	一	11.5	3.5	14.4	±2.5	0：7：3：0	17.0	65	105			30
	二	14.5	4.5	11.4	±3.5	0：0：7：3	20.0	105	155			—
32~34（18~17 英支）	优	8.5	2.2	16.2	±2.2	7：3：0：0	14.0	35	65	320~410	290~360	10
	一	11.5	3.5	14.2	±2.5	0：7：3：0	16.5	75	125			30
	二	14.5	4.5	11.2	±3.5	0：0：7：3	19.5	115	185			—
36~60（16~10 英支）	优	7.5	2.2	16.0	±2.2	7：3：0：0	13.5	35	65	320~410	290~360	10
	一	10.5	3.5	14.0	±2.5	0：7：3：0	16.0	75	125			30
	二	14.0	4.5	11.0	±3.5	0：0：7：3	19.0	115	185			—
64~80（9~7 英支）	优	7.0	2.2	15.8	±2.2	7：3：0：0	13.0	35	65	320~410	290~360	10
	一	10.0	3.5	13.8	±2.5	0：7：3：0	15.5	75	125			30
	二	13.5	4.5	10.8	±3.5	0：0：7：3	18.5	115	185			—
88~192（6~3 英支）	优	6.5	2.2	15.6	±2.2	7：3：0：0	13.0	35	65	320~410	290~360	10
	一	9.5	3.5	13.6	±2.5	0：7：3：0	15.5	75	125			30
	二	13.0	4.5	10.6	±3.5	0：0：7：3	18.5	115	185			—

　　棉纱线规定以同品种一昼夜的生产量为一批,按规定的试验周期和各项试验方法试验,并按其结果评定棉纱线的品等。棉纱线的质量评定分为优等、一等、二等三个等别,低于二等指标者为三等。棉纱的品等由单纱断裂强力变异系数 CV、百米重量变异系数 CV、单纱断裂强度、百米重量偏差、条干均匀度、1g 棉纱内棉结粒数、1g 棉纱内棉结杂质总粒数和十万米纱疵八项指标。当八项的品等不同时,按八项中最低项定等。棉线以六项中最低的一项品等评定(无条干

均匀度和十万米纱疵指标)。检验条干均匀度可以选用黑板条干均匀或条干均匀度变异系数 *CV* 两者中的任何一种。但一经确定,不得任意变更,发生质量争议时,以条干均匀度变异系数 *CV* 为准。棉纱线的重量偏差月度累计,应按产品进行加权平均,全月生产在 15 批以上的品种, 应控制在 ±0.5% 及以内。梳棉纱的技术要求实际捻系数不作为分等的依据,由工厂进行控制, 使实际捻系数可保持在规定范围内。评定纱线品等时,应同时注意实际捻系数的数值。一般工 厂将捻系数指标范围换算成捻度范围,日常生产中控制纱线的捻度。

二、检验方法

1. 检验条件

各项试验应在各方法标准规定的标准条件下进行。试验报告应注明所用的强力试验仪 类型。

2. 棉本色纱线检验项目及检验方法标准

(1)线密度:GB/T 4743—2009《纺织品 卷装纱 绞纱法线密度的测定》采用程序 3。

(2)百米重量变异系数 *CV*、百米重量偏差:GB/T 4743—2009《纺织品 卷装纱 绞纱法 线密度的测定》程序 1。

(3)单纱断裂强度及单纱(线)断裂强力变异系数 *CV*:GB/T 3916—2013《纺织品 卷装 纱 单根纱线断裂强为和伸长率的测定(CRE 法)》。

(4)条干均匀度变异系数:GB/T 3292.1—2008《纺织品 纱线条干不匀试验方法 第 1 部分:电容法》。

(5)黑板条干均匀度、1g 棉纱内棉结粒数、1g 棉纱内棉结杂质总粒数:GB/T 9996.2— 2008《棉及化纤纯纺、混纺纱线外观质量黑板检验方法 第 2 部分:分别评定法》。

(6)十万米纱疵:FZ/T 01050—1997《纺织品纱线疵点的分级与检验方法 电容式》。

(7)纱线捻度:GB/T 2543.1—2001《纺织品 纱线捻度的测定 第 1 部分:直接计数法》、 GB/T 2543.2—2001《纺织品 纱线捻度的测定 第 2 部分:退捻加捻法》。

(8)检验规则、标志、包装:FZ/T 10007—2008《棉及化纤纯纺、混纺本色纱线检验规则》、 FZ/T 10008—2009《棉及化纤纯纺、混纺本色纱线标志与包装》。

三、检验试验

1. 百米重量变异系数 *CV* 和百米重量偏差检验

纱线的黑板条干均匀度、1g 棉纱内棉结粒数及 1g 棉纱内棉结杂质总粒数、十万米纱疵的 检验皆采用筒子纱(直接纬纱用管纱),其他各项指标的试验均采用管纱,用户对产品质量有异 议时,则以成品质量检验为准。

(1)预调湿与调湿。将试样预调湿至少 4h,然后暴露于实验用标准大气中 24h 或暴露至少 30min,质量变化不大于 0.1%。

(2)摇取试验绞纱。密度介于 12.5 ~ 100tex 时,长度取 100m 摇纱张力取(0.5 ± 0.1) cN/tex。

（3）称量计算。测量百米重量变异系数 CV，直接称量调湿试验绞纱的质量。

2. 单纱（线）断裂强度及单纱（线）断裂强力变异系数 CV 检验

（1）取样。与百米重量变异系数 CV 和百米重量偏差检验采用同一份试样。

（2）预调湿与调湿。将试样预调湿至少 4h，然后暴露于实验用标准大气中 8h，仲裁性试验在实际操作中一般采用一级标准大气。

（3）仪器采用等速拉伸。通常隔距采用 500mm，拉伸速率 500m/min，特殊情况隔距可采用 250mm，拉伸速率 250m/min。测试如不在标准大气下进行，须进行修正。

3. 黑板条干均匀度和条干变异系数检验

相关内容参见"纱线细度均匀度表征"与检测中的"黑板条干法"。

（1）黑板条干均匀度。

①灯光。灯光设备的尺寸和距离参见图 3 - 15，图中 A 点为黑板中心。

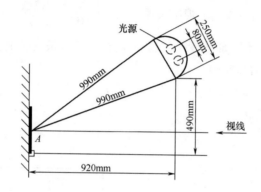

图 3 - 15　黑板条干均匀度观察图

黑板和样照的中心高度，应与检验者的目光呈水平。

黑板尺寸为 250mm×220mm×2mm，黑板必须有光泽且平坦。纱线必须均匀紧贴黑板上，其密度相当于样照。

黑板和样照应垂直，平齐地放置在检验壁（或架子）中部，每次检验一块黑板。光源采用 40W 青色或白色日光灯，两条并列。在正常视力条件下，检验者与黑板的距离为（2.5 ±0.3）m。

②条干均匀度的检验。

③条干均匀度的评定。

（2）条干变异系数检验。

4. 纱线捻度检验

纱线捻度可采用直接计数法或张力法。

5. 1g 棉纱内棉结粒数和 1g 棉纱内棉结杂质总粒数检验

（1）取样。每种纱线（包括纱线的棉结杂质和纱的条干）每批检验一次。检验以最后成品为对象，经纱线取筒子检验，绞纱线亦可用筒子检验。不得固定机台或锭子取样，每个筒子或每绞摇一块黑板，每份试样共检验 10 块黑板。

（2）棉结杂质的检验条件。棉结杂质的检验地点，要求尽量采用北向自然光源，正常检验时，必须有较大的窗户，窗户不能有障光物，以保证室内光线充足。

棉结杂质的检验一般应在不低于400lx的照度下（最高不超过800lx）进行，如照度低于400lx时，应加用灯光检验（用青色或白色的日光灯管）。光线应从左后方射入。检验面的安放角度应与水平呈45°±5°，检验者的影子应避免投射到黑板上，见图3-16。

（3）棉结杂质的检验方法。棉结杂质的检验是将试样摇在黑板上，摇黑板机上除游动导纱钩及保证均匀卷绕的能力装置外，一律不得采取任何除杂措施。

根据棉纱线分等规定，棉结、杂质应分别记录，合并计算。

检验时，先将浅蓝色底板插入试样与黑板之间，然后用如图3-17所示的黑色压片压在试样上，进行正反两面的每格内的棉结杂质检验。将全部纱样检验完毕后，算出10块板的棉结杂质总粒数，再根据下式计算1g棉纱线内的棉结杂质粒数：

$$1g\text{棉纱线内的棉结杂质粒数} = \frac{\text{棉结杂质粒数}}{\text{棉纱线密度}} \times 10 \qquad (3-21)$$

检验时，应逐格检验并不得翻拨纱线，检验者的视线与纱条成呈垂直线，检验距离以检验员的视力在辨认疵点时不费力为原则。

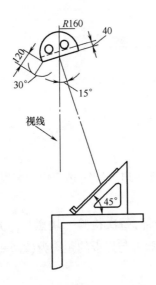

图3-16　棉结杂质检验观察图

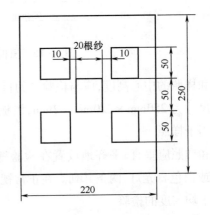

图3-17　黑色压片尺寸规格示意图

（4）棉结的确定。棉结是由棉纤维、未成熟棉或僵棉因轧花或纺纱过程中处理不善集结而成。

①棉结不论黄色、白色、圆形、扁形、大、小，以检验者的视力所能辨认者即计。

②纤维聚集成团，不论松散与紧密，均以棉结计。

③未成熟棉、僵棉形成棉结（成块、成片、成条），以棉结计。

④黄白纤维虽未成棉结，但形成棉素且有一部分纺缠于纱线上的以棉结计。

⑤附着棉结以棉结计。

⑥棉结上附有杂质,以棉结计,不计杂质。

⑦凡棉纱条干粗节,按条干检验,不算棉结。

(5)杂质的确定。杂质是附有或不附有纤维(或绒毛)的籽屑、碎叶、碎枝干、棉籽软皮、毛发及麻草杂物。

①杂质不论大小,以检验者的视力所能辨认者即计;

②凡杂质附有纤维,一部分纺缠于纱线上的,以杂质计;

③凡一粒杂质破裂为数粒,而聚集成一团的,以一粒计;

④附着杂质以杂质计;

⑤油污、色污、虫屎及油线、色线纺入,均不算杂质。

6. 十万米纱疵检验

纱疵检验采用电容式纱疵分级仪进行测试,利用电容量的变化率与介质质量变化率之间的关系,当纱线以一定的速率连续能通过检测仪器时,纱线质量的变化即转换为电容量的变化,经过电路运算得到纱疵特征的各种结果。检测器装在络筒机上,一台纱疵分级仪至少安装 5 个检测器。

7. 成包质量检验

当确定纱线在公定回潮率时的质量时,应进行回潮率试验,然后计算公定回潮率时的质量,测试回潮率的仪器,管纱线和绞纱线用电热烘箱,筒子纱线可用电热烘箱,也可用筒子测湿仪。

在成包过程中,如因温、湿度升降而影响回潮率变化时,可按温、湿度情况,分阶段进行回潮率试验,根据不同阶段的试验回潮,分别计算不同阶段的成包干燥质量,不得混淆。

根据实际回潮率,计算纱线在公定回潮率时的质量。

☞任务实施

一、操作仪器、用具及试样

YG137 型纱线条干均匀度仪;YG381 型摇黑板机;YG086 型缕纱测长仪;YG747 型通风式快速烘箱;Y331LN 型纱线捻度仪;YG061F 型单纱强力仪;250mm×220mm×2mm 黑板十多块、纱线条干均匀度标准样照、浅蓝色底板纸、黑色压片、暗室、检验架及规定的灯光设备等。

试样为 13tex 棉纱。

二、测试标准

GB/T 398—2008《棉本色纱线》;

GB/T 2543.1—2001《纺织品 纱线捻度的测定 第 1 部分:直接计数法》;

GB/T 2543.2—2001《纺织品 纱线捻度的测定 第 2 部分:退捻加捻法》;

GB/T 3292.1—2008《纺织品 纱线条干不匀试验方法 第 1 部分:电容法》;

GB/T 3916—2013《纺织品 卷装纱 单根纱线断裂强力和伸长率的测定(CRE 法)》

FZ/T 01050—1997《纺织品 纱线疵点的分级与检验方法 电容式》;

GB/T 4743—2009《纺织品 卷装纱 绞纱法线密度的测定》;

FZ/T 10007—2008《棉及化纤纯纺、混纺本色纱线检验规则》;

FZ/T 10013.1—2011《温度与回潮率对棉及化纤纯纺、混纺制品断裂强力的修正方法 本色纱线及染色加工纱断裂强力的修正方法》。

三、操作步骤

取样：各项指标测试须按照标准；试样：筒子纱、管纱；环境及修正。

各项指标测试应在各自方法标准规定的条件下进行。由于生产需要，可在接近生产车间温湿度的条件下进行快速测试，但测试地点的温湿度必须稳定，并不得故意偏离标准条件。应对测得的强力根据温湿度修正系数进行修正。

（1）百米重量变异系数及重量偏差测定，参见"项目3-1纱线线密度检验"。

（2）单纱（线）强力变异系数及断裂强度测定，参见"项目3-2纱线强伸性检验"。

（3）测定纱线条干均匀度变异系数，参见"项目3-4纱线条干均匀度检验"。

（4）棉纱黑板条干均匀度检验，参见"项目3-4纱线条干均匀度检验"。

（5）棉结杂质检验。

（6）十万米纱疵根据 FZ/T 01050—1997。

（7）测定纱线捻度，参见"项目3-3纱线捻度检验"。

（8）记录：试样名称与规格、仪器型号、仪器工作参数、环境温湿度、原始数据。

（9）计算各测量结果并对照 GB/T 398—2008 标准评定 20tex 棉纱的品质等级。

四、任务拓展

通过调研纺织企业，了解不同等级的棉纱分别适用于什么样的棉织品生产？总结棉纱线分等定级的实际意义。

项目4　织物检验

项目4–1　织物拉伸性能检验

【项目任务】

某公司送来4种机织面料样品,要求测试其拉伸性能并出具检测报告。

【项目要求】

1. 在学习查阅相关资料和标准的基础上,采用分组讨论的方式,制订工作计划,并写出实施方案。

2. 在教师的指导下,以小组为单位,学生在纺织检测实训室,按照标准进行拉伸性能检验。

3. 安全、规范地使用仪器及化学试剂,并做好实验场地的清洁整理工作。

4. 完成检测报告。

5. 小组互评,教师点评。

一、拉伸性质的测试方法

织物的拉伸断裂强力是指织物受外力直接拉伸至断裂时所需的力。它是表示拉伸力绝对值的一个指标,法定单位是牛(N)。在织物断裂强力的测定中,断裂强力是指在规定条件下进行的拉伸试验过程中,试样被拉断的最大力。

通常用断裂强力指标来评定日晒、洗涤、磨损以及各种整理对织物内在质量的影响。因此,对于机械性质具有各向异性、拉伸变形能力小的家用纺织品都要进行该性能的检测。目前织物的断裂强力测定方法主要有两种,即条样法和抓样法。

二、拉伸性质的常用指标和测试标准

1. 常用指标

断裂强力:断裂强力是指织物受拉伸至断裂时所能承受的最大外力。断裂强力还可以用来评定织物经磨损后的牢度,也可用来评定日晒、洗涤及整理对织物内在质量的影响。

断裂伸长率:织物拉伸断裂时的伸长率称为断裂伸长率。它与织物的耐用性也有关系,断裂伸长的织物耐用性好。

2. 测试标准

国内外测定纺织品断裂强力的相关标准见表4-1。本实验采用条样法。

表4-1 国内外纺织品断裂强力测定的相关标准

检测方法	国内标准	同外主要标准
条样法	GB/T 3923.1—1997, FZ/T 60026—1999	ISO 13934.1—1999,ISO 13935.1—1999,ISO 4606—1995 ASTM D 5035—95,BS 2576—86(95),DIN 53857.1—1979,DIN EN ISO 13934.1—1994,DIN EN ISO 13934.2—1994 NFG 07—001—1973,EN ISO 13934.1—1999 等
抓样法	GB/T 3923.2—1998	ISO 13934.2—1999,ISO 13935.2—1999,ASTM D 5034—95,DIN 53858—1979,NF G 07—120—1973,EN ISO 13934.2—1999 等

条样法可测知试样整个工作宽度上的断裂强度,并可分析纱线在织物中的有效强力且与织造前的纱线强力比较,故该法应用最普遍。

条样法测试的主要技术参数国内外标准各不相同,见表4-2。

表4-2 条样法测试主要技术参数

项目	GB/T 3923.1—1997	ISO 13934.1	ASTM D 5035
测试范围	适用于机织物,也适用于针织物、涂层织物及其他类型的纺织织物	适用于机织物,也适用于其他技术生产的织物	适合于机织物,对针织物和高弹织物(大于11%)建议不采用
设备	CRE 拉伸强力测试仪		
上下夹具限距	100mm 或 200mm,精度为 ±1	100mm 或 200mm(视伸长率值定)	75mm
拉伸速度	20mm/min 或 100mm/min,精度为 ±10%	20mm/min 或 100mm/min,(视伸长率值定)	300mm/min
环境条件	温度(20±2)℃,相对湿度65% ±2%	温度(20±2)℃,相对湿度65% ±2%	温度(20±1)℃,相对湿度65% ±2%
调温时间	至少4h	24h	至少4h
试样尺寸	长度至少200mm 或100mm,宽(50±2)mm	长30mm,宽50mm	长250mm 或150mm,宽25mm
试样数量	经向5块,纬向5块	经向5块,纬向5块	经向5块,纬向8块

三、影响织物拉伸性质的因素

1. 纤维性质和纤维混纺比

织物结构因素基本相同时,织物中纱线的强度利用系数大致保持稳定,纱线中纤维强度利用程度的差异也在一定的范围内,因为纤维的性质决定了织物的强伸性能。当纤维强度大时,织物的强伸度也大。尤其是化学纤维,由于制造工艺与用途的不同,改变了纤维的内部结构,使得纤维性质不同。如同样是棉型涤纶,低强高伸型涤纶和高强低伸型纤维的性质有较大差异,低强高伸型涤纶制得的织物虽然断裂强力较低,但是断裂伸长率较大,具有一定的耐穿性。因此织物的断裂功明显增大,织物的坚韧性较好。

2. 纱线结构

在织物密度和组织相同时,由于粗的纱线强力大,所以使织物强力也大。粗的纱线织成的织物紧度大,纱线间的摩擦阻力势必大,使织物强力提高。纱线的细度不匀会影响织物的强力,细度不匀率高的纱线,会降低织物的强力。纱线的捻度对织物强力的影响与捻度对纱线强力的影响相似,只是纱线捻度接近临界捻系数时,织物的强力已开始下降。纱线的捻向与强力也有一定的关系。织物中经纬纱捻向相反配置与相同配置相比较,前者织物拉伸断裂强力较低,而后者拉伸断裂强力较高,但前者织物光泽较后者好。

3. 织物结构

机织物的经纬密度及针织物纵横密度的改变,对织物强度有显著的影响。若纬密保持不变,增大经纱密度时,织物的经向拉伸断裂强力增大,纬向拉伸断裂强力也有增大的趋势。这种现象可以认为是由于经密增加,承受拉伸纱线的根数增多,经向强力增大。经密增加使经纱与纬纱的交错次数增加,经纬纱之间的摩擦阻力增大。使纬纱不易产生伸长,结果使纬向强力也增大。若经密保持不变,纬密增加,经纱在织造过程中受反复拉伸的次数增加,经纱承受的摩擦次数增加,使经纱产生了不同程度的疲劳,引起织物经向强力下降。靠增加经纬向密度,提高织物强力的作用是有限的。因此,对一个品种的织物来说,经纬向密度有一个极限值。超过一定极限值,纱线经受反复拉伸摩擦产生疲劳,织造时纱线所受张力大,这些给织物强力都带来不利影响。机织物的组织对织物拉伸性质的影响是:织物在一定的长度内,纱线的交错次数多,浮线长度短时,则织物的强力和伸长大。因此,在其他条件相同时,平纹织物的强力和伸长最大;缎纹织物的强力和伸长最小;斜纹居中。

4. 树脂整理

棉、黏胶纤维织物缺乏弹性,受外力作用后容易起皱、变形。树脂整理可以改善织物的力学性能,增加织物弹性、折皱恢复性,减少变形,降低缩水率。但树脂整理后织物伸长能力明显降低,降低程度取决于树脂的浓度。

☞**任务实施**

一、操作仪器

等速伸长型(CRE)试验仪。

二、测试标准

GB/T 3923.1—2013《纺织品　织物拉伸性能　第1部分:断裂强力和断裂伸长率的测定(条样法)》

三、操作步骤

(1)试样准备:在距布边150mm以上处,剪取两组试样,一组为经向试样,另一组为纬向试样。每组 5 块,每块试样的有效宽度为 50mm(不包括毛边),长度应能满足隔距要求 200mm,如试样的断裂伸长率超过 75%,应满足隔距长度为 100mm。

试样应均匀分布于样品上,试样间不含有相同的经纬纱,长度方向与待测方向平行。取好试样,放入恒温恒湿实验室进行调湿处理后再进行测试。

(2)检查校准仪器后,设置测试参数:若织物的断裂伸长率 <8%,则隔距长度设为 200mm,拉伸速度设为 20mm/min;若织物的断裂伸长率为 8% ~75%,则隔距长度设为 200mm,拉伸速度设为 100mm/min;若织物的断裂伸长率 >75%,则隔距长度设为 100mm,拉伸速度设为 100mm/min。

(3)夹持试样:在夹钳中心位置夹持试样,以保证拉力中心线通过夹钳的中点。试样可在预加张力下夹持或松式夹持,所预加张力值应根据织物的单位面积质量确定,织物单位面积质量 ≤200g/m² 时,预加张力值 2N;织物单位面积质量为 200 ~500g/m² 时,预加张力值 5N;织物单位面积质量 >500g/m² 时,预加张力值 10N。

(4)启动拉伸试验仪,进行拉伸强力测定:拉伸试样至断裂,记录断裂强力、断裂伸长或断裂伸长率。每个方向至少试验 5 块。

如果试样在距钳口 5mm 以内断裂,则作为钳口断裂。当 5 块试样试验完毕,若钳口断裂数值大于最小的"正常值",可以保留;若小于最小"正常值",则舍弃,另加试验量,以得到 5 个"正常"断裂值;若所有试验结果均为钳口断裂,或不能得到 5 个"正常值",应报告单值。

(5)记录与计算。YG065H 型电子式织物强力仪

隔距_____ 速度_____ 模式_____ 修正系数 K =_____

实验次数		断裂强力(N)	断裂伸长(mm)	断裂伸长率(%)	断裂功(J)	断裂时间(s)
经向	1					
	2					
	3					
	4					
	5					
平均值						
修正强力(N)			—	—	—	—
纬向	1					
	2					
	3					
	4					
	5					
平均值						
修正强力(N)			—	—	—	—

四、任务拓展

(1)为什么针织面料不选择拉伸性能检测。

(2)走访附近服装商场,选择部分服装和面料,比较它们的拉伸性能。

项目4-2 织物撕破性能检验

【项目任务】

某公司送来6种机织面料样品,要求测试其撕破性能,并出具检测报告。

【项目要求】

1. 在学习查阅相关资料和标准的基础上,采用分组讨论的方式,制订工作计划,并写出实施方案。

2. 在教师的指导下,以小组为单位,学生在纺织检测实训室,按照标准进行撕破性能检验。

3. 安全、规范地使用仪器,并做好实验场地的清洁整理工作。

4. 完成检测报告。

5. 小组互评,教师点评。

一、撕裂性能的测试方法

撕破是指织物受到集中负荷的作用而撕开的现象。撕破试验常用于军服、篷帆、帐篷、雨伞、吊床等机织物,还可用于评定织物经树脂处理、助剂或涂层处理后的耐用性(或脆性)。撕破试验不适用于机织弹性织物、针织物及可能产生撕裂转移的经纬向差异大的织物和稀疏织物。

织物被钩住,局部纱线受力断裂而形成裂缝,或者织物局部被握持而被撕成两半,这种现象通常称为撕裂,有时也称为撕破。在织物撕裂强力测定中,撕裂强力是指在规定条件下使试样上初始切口扩展所需的力,单位是牛(N)。按撕破过程中经纱或纬纱面被拉断分别称为"经向撕裂"或"纬向撕裂"。

目前,国际上最常用的织物断裂强力测试方法主要是摆锤法、舌形法和梯形法。我国国家标准中也采用此三种方法。除上述三种方法外,有的国家还采用翼形法、矩形法和钉子法。国内外检测纺织品撕裂(撕破)强力的相关标准见表4-3。我国国家标准 GB/T 3917—2009 与国际标准 ISO/DIS 13937—1995 相接轨。

本实验采取梯形法测试方法。

表4-3 撕裂强力测试标准的技术参数

项目	国内标准	主要国外标准
摆锤法	GB/T 3917.1—2009	ISO 9290, ASTM D 1424, DIN 53862, DIN EN ISO 139371, KS K 0535, EN ISO 13937.1等

项目	国内标准	主要国外标准
舌形法	GB/T 3917.2—2009	ASTM D 2261,DIN 53859.Ⅰ,DIN EN ISO 13937.4,NF G07-146 NF G 07-148,NF G 07-149,KS K 0536,EN ISO 13937.4 等
梯形法	GB/T 3917.3—2009	ASTM D 5587,DIN 53859.5,KS K 0537 等
其他方法		BS 4303(翼形法),DIN 53859.2(矩形法),DIN 53859.3(Wegsner 法),DIN EN ISO 13937.2(裤形法),DIN EN ISO 13937.3(翼形法),NF G 07-145(钉子法),NF G 07-147(钉子法),NF ISO 13937.3(翼形法),EN ISO 13937.2(裤形法)等

梯形法测试方法为:梯形法适用于各种机织物和某些轻薄非织造织物。该试验结果能够反映织物的强韧性,对检验染整加工和其他原因造成的织物耐用性脆化现象有明显效果。试验结果的稳定性和可比性都较好,且测定方便,在普通强力机上就能进行。

二、撕裂性质的常用指标

1. 最大撕破强力

最大撕破强力是指撕裂过程中出现的最大负荷值。在单缝法、梯形法测试织物撕裂强力时采用。

2. 五峰平均撕破强力

五峰平均撕破强力是指在单缝法撕裂过程中,在切口后方撕破长度5mm后,每隔12.5mm分为一个区,五个区最高负荷值的平均值为五峰平均撕裂强力,简称平均撕裂强力。

三、影响织物撕裂性质的因素

1. 纱线性质

织物的撕裂强力与纱线的断裂强力大致成正比,与纱线的断裂伸长率关系密切。当纱线的断裂伸长率大时,受力三角区内同时承担撕裂强力的纱线根数多,因此织物的撕裂强力大。经纬纱线间的摩擦阻力对织物的撕裂强力有消极影响。当摩擦阻力大时,两系统纱线不易滑动,受力三角区变小,同时承担外力的纱线根数少,因此织物撕裂强力小。所以,纱线的捻度、表面形状对织物的撕裂强力也有影响。

2. 织物结构

织物组织对织物撕裂强力有明显影响,在其他条件相同时,三原组织中,平纹组织的撕裂强力低,缎纹组织的撕裂强力高,斜纹组织介于两者之间。织物密度对织物的撕裂强力的影响比较复杂,当纱线粗细相同时,密度小的织物撕裂强力高于密度大的织物,纱布就不易撕裂。当经纬向密度接近时,经纬向撕裂强力接近。而当经向密度大于纬向密度时,经向撕裂强力大于纬向撕裂强力。例如,府绸织物易出现经向裂口,是因为府绸织物纬密远小于经密,纬向撕裂强力远小于经向撕裂强力所致。

3. 树脂整理

对于棉织物、黏胶纤维织物经树脂整理后，纱线伸长率降低，织物脆性增加，织物撕裂强力下降，下降的程度与使用树脂种类和加工工艺有关。

4. 试验方法

试验方法不同，测试出的撕裂强力不同，无可比性。因为撕裂方法不同时，撕裂三角区有明显差异。此外，撕裂强力大小与拉伸力一样，受温湿度的影响。

☞ **任务实施**

一、操作仪器

等速伸长型(CRE)或等速牵引型(CRT)强力试验仪。

二、测试标准

GB/T 3917.3—1997《纺织品 织物撕破性能 第3部分：梯形试样撕破强力的测定》。

三、检测原理

在一规定尺寸的条形试样上按要求画一等腰梯形，并在梯形短边正中部位剪开一条一定长度的切口，然后用强力试验仪的夹钳夹住梯形上两条不平行的边，对试样施加连续增加的力，使撕破沿试样切口线向梯形的宽度方向延展，直至试样全部撕破，测定出平均最大撕破力，单位为牛(N)。

四、操作步骤

(1)试样准备：在距布边150mm以上剪取两组试样，一组为经向试样，另一组为纬向试样，每组试样至少5块。

试样为矩形长条，尺寸约75mm×150mm。如图4-1所示，在试样上画出等腰梯形，并在梯形短边正中部位剪一切口。按规定将试样送入恒温恒湿室进行调湿处理，用于测试。

(2)仪器准备：检查校准仪器。将试验仪两夹钳间隔距设为(25±1)mm，拉伸速度设为100mm/min，选择适宜的负荷范围，使断裂强力落在满刻度10%～90%的范围内。

(3)夹持试样：沿梯形不平行两边夹住试样，使切口位于两夹钳中间，梯形短边保持拉紧，长边处于折皱状态。

(4)进行测定：启动试验仪，记录装置记录每个试样的撕破强力值。

试验应在标准大气中进行，并注意观察撕破是否沿切口线撕裂，若不是，则不做记录。

(5)记录与计算：

试样名称＿＿＿＿＿＿＿＿＿＿

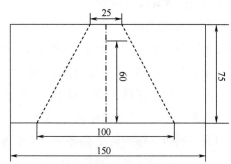

图4-1 梯形试样尺寸

测试次数		1	2	3	4	5
经向	测试强力					
	平均强力					
	修正强力					
纬向	测试强力					
	平均强力					
	修正强力					

五、任务拓展

(1)实验中测试速度对结果有什么影响?

(2)走访附近服装商场,选择部分服装和面料,比较它们的撕破性能。

项目4-3 织物顶破性能检验

【项目任务】

某公司送来6种针织面料样品,要求测试其顶破性能,并出具检测报告。

【项目要求】

1. 在学习查阅相关资料和标准的基础上,采用分组讨论的方式,制订工作计划,并写出实施方案。

2. 在教师的指导下,以小组为单位,学生在纺织检测实训室,按照标准进行顶破性能检验。

3. 安全、规范地使用仪器,并做好实验场地的清洁整理工作。

4. 完成检测报告。

5. 小组互评,教师点评。

一、顶破测试及其标准

1. 顶破性能测试

在织物四周固定的情况下,从织物的一面给予垂直作用力,使其鼓起扩张而破坏,称为织物顶破。服装的肘部、膝部的受力情况,袜子、鞋面布、手套等的破坏形式,降落伞、气囊、滤尘袋等的受力方式都属于这种类型。对于某些延伸性较大的针织物,顶破性能试验更具优越性。顶破试验有弹子式、气压式及液压式等类型。

织物破损时往往同时受到经向、纬向、斜向等方面的外力,特别是某些针织品具有纵向延伸、横向收缩的特征,纵向和横向相互影响较大,如采用拉伸强力试验,必须对经向、纬向和斜向分别测试,而顶破性能试验可对织物强力做一次性综合评价。另外,由于破裂试验各向均等受力,不会产生"预缩"现象,所以这项检测特别适用于针织物、三向织物、非织造布及降落伞用布。我国已把顶破强度作为考核部分针织品内在品质的指标。国内外对家用纺织品中的很多产品,如床上用品(床单、被罩、枕套)、毛巾(面巾、浴巾、沙滩巾)、厨房用品(桌布、围裙、袖套)、沙发布等都要求进行这方面的检测。织物破裂强力的测定方法主要有两种,即弹子顶破法和弹性膜片胀破法。

2. 测试标准

国内外测试纺织品顶破强力的相关检测标准见表4-4。

表4-4　　国内外测试纺织品顶破强力的相关标准

标准号	标准名称	说明
GB/T 7742.1—2005	纺织品　织物胀破性能　第1部分:胀破强力和胀破扩张度的测定　液压法	中国国家标准
ISO 13938.1—1999	纺织品　织物的胀破性能　第1部分:胀破强力的测定(液压法)	国际标准化组织标准
ISO 13938.2—1999	纺织品　织物的胀破性能　第2部分:胀破强力的测定(气压法)	
ASIM D 3786—1987	针织物及非织造布水压胀破强力试验方法·膜片式胀破强力仪法	美国材料与试验协会标准
AATMD 3787—1989	针织物胀破强力试验方法　等速牵引(CRT)球胀破试验	
BS 4768—1972(1997)	织物胀破强度及胀破膨胀度的测定方法	英国国家标准
DIN 53861.I1—1992	纺织品试验　顶破试验和胀破试验　术语的定义	德国国家标准
DIN 53861.2—1978	纺织品试验　区破试验和胀破试验　试验方法	
DIN 53861.3—1970	纺织品试验　顶破试验和胀破试验　试验结果评定用的数值表	
NF G 07—112—1975	机织物试验　胀破强度及伸长的测定	法国国家标准
KS K 0350—1991	织物顶破强力试验方法　圆球顶破法	韩国国家标准
KS K 0351—1981	织物顶破强力试验方法　薄膜顶破法	

二、影响织物顶破性能的因素

1. 纱线的断裂强力和断裂伸长

当织物中纱线的断裂强力及伸长率大时,织物的顶破强力高。因为顶破的实质仍为织物中纱线产生伸长而断裂。

2. 织物厚度

在其他条件相同的情况下,当织物越厚时,顶破强力越大。

3. 机织物织缩的影响

当机织物的织缩大,经纬向的织缩差异并不大,且在其他条件相同时,织物顶破强力大。因为经纬向纱线同时承担外力,其裂口为直角形。若经纬织缩差异大,在经纬纱线自身的断裂伸长率相同时,织物必沿织缩小的方向撕裂,裂口为直线形,织物顶破强力偏低。

4. 织物经纬向密度

当其他条件相同,织物密度不同时,织物顶裂时必沿密度小的方向撕裂,织物顶破强力偏低。

5. 纱线的钩接强度

在针织物中,纱线的钩接强度大时,织物的顶破强力高。此外,针织物中纱线的线密度、线圈密度也影响针织物的顶破强力,提高纱线线密度和线圈密度,顶破强力有所提高。

👉任务实施

一、操作仪器

弹子式顶破强力试验仪。

二、测试标准

GB/T 7742.1—2005《纺织品 织物胀破性能 第1部分:胀破强力和胀破扩张度的测定·弹性膜片法》

三、检测原理

顶破试验是将试样按标准裁剪后,放在试样夹中,仪器依恒定的速度完成试样的顶破。小组试验完成后,计算各均值和 CV 值。

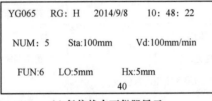

YG065 RG:H 2014/9/8 10:48:22	YG065
(a) 复位状态下仪器显示	(b) 拉伸(顶)前状态显示

图4-2 织物顶破试验参数设置

NO—次数 F(N)—顶破强力 L(mm)—顶破伸长 Fx(N)—顶破时一定距离时的强力值 E(%)—顶破变形率

四、操作步骤

(1)试样准备:在距布边150mm以上处剪取直径为120mm的圆形试样5块。按规定将试样送入恒温恒湿室进行调湿处理后用于测试。

(2)仪器准备:检查仪器各部件是否正常,校正强力指针至零位。启动电动机,使顶破弹子升至最高位置。

(3)夹持试样:将调湿后的试样放入夹布环内并旋紧,然后平放在布夹头架上,注意将布夹头推到底。

(4)进行测试:按标准要求夹好试样后,按"拉伸"键,拉伸试验完成后,动夹持器自动返回,等待下一次试验,直到试验结束。

本组试验结束后,进入"Z-DEL"状态。试验后可根据需要删除/统计/复制等。

按"复位"键,本组试验全部结束。

(5)记录与计算。YG065H型电子式织物强力仪,速度_____模式_____试样_____

实验次数	顶破强力 F(N)	顶破伸长 L(mm)	顶破一定距离时的强力 Fx(N)	顶破变形率(s)
1				
2				
3				
4				
5				
6				
7				
8				
9				
10				
平均值				
修正平均强力				

五、任务拓展

(1)实验中测试速度对结果有什么影响。

(2)走访附近服装商场,选择部分针织服装和面料,比较它们顶破性能。

项目 4－4　织物起毛起球性能检验

【项目任务】

某公司送来 4 种机织面料样品和 4 种针织面料样品,要求测试其起毛起球性能,并出具检测报告。

【项目要求】

1. 在学习查阅相关资料和标准的基础上,采用分组讨论的方式,制订工作计划,并写出实施方案。

2. 在教师的指导下,以小组为单位,学生在纺织检测实训室,按照标准进行起毛起球性能检验。

3. 安全、规范地使用仪器,并做好实验场地的清洁整理工作。

4. 完成检测报告。

5. 小组互评,教师点评。

织物在服用过程中,不断受到各种外力的作用,使织物表面的纤维或单丝逐渐被拉出,称起毛。当毛绒的高度和密度达到一定值时,外力摩擦的继续作用使毛绒纠缠成球并突起在织物表面,这种现象称为织物的起球。织物起毛起球后其外观变差,且降低其服用性能。因此,在设计织物、选择服装面料时都应考虑织物的抗起球性。

一、起毛起球机理

织物起毛起球过程可分起毛、纠缠成球、毛球脱落三个阶段。织物在穿用过程中,受多种外力和外界的摩擦作用。经过多次的摩擦,纤维在纱内的抱合力逐渐减小,当小于外部摩擦力时,纤维端伸出织物表面形成毛绒,称为织物起毛。在继续穿用时,绒毛不易被摩擦断裂,继续摩擦,绒毛纠缠在一起,在织物表面形成许多小颗粒,称织物起球。如果在穿用过程中形成毛绒后,纤维很快被摩擦断裂或织物内纤维被束缚得很紧,纤维毛绒伸出织物表面很短,织物表面并不能形成小球。纤维毛绒纠缠成球后,在织物表面会继续受摩擦作用,达到一定时间后,毛球因纤维断裂从织物表面脱落下来。因此评定织物起毛起球性的优劣,不仅看织物起毛起球的快慢、多少,还应视脱落的速度而定。

二、起毛起球性的测试方法

织物起毛起球后,严重影响其外观,降低织物的服用性能,甚至失去使用价值。因此,对某些织物要进行起毛起球试验,特别是毛织物或仿毛织物。织物起毛起球是评等条件之一,依次要做起毛起球试验。目前试验方法广泛使用的有三种,即圆磨起球仪法、马丁代尔型磨损仪法和起球箱法。

三、起毛起球性的评定

评定织物起毛起球性的方法很多,由于纤维纱线以及织物结构不同,毛球大小、形态不同,起毛起球以及脱落速度不同,因此很难找到一种十分合适的评定方法。目前用得较多的是评级法。标准样照分 1 ~ 5 级,1 级最差,5 级最好;1 级严重起毛起球,5 级不起毛起球。试样在标准条件下与样照对比,评定等级。该方法的缺点是每种织物必须制订一套标准样照,否则无可比性。此外,该方法受人为目光的影响,可能出现同一试样不同人的看法并不一致的情况。

四、影响织物起毛起球的因素

1. 纤维性质

纤维性质是影响织物起毛起球的主要因素。纤维的力学性质、几何性质以及卷曲多少都影响织物的起毛起球性。从日常生活中发现,棉、麻、黏胶纤维织物几乎不产生起球现象,毛织物有起毛起球现象。锦纶、涤纶织物最易起毛起球,而且起球快、数量多、脱落慢,其次是丙纶、腈纶、维纶织物。由此看出,纤维强力高、伸长率大、耐磨性好,特别是耐疲劳的纤维易起毛起球。纤维长、粗时,织物不易起毛起球。长纤维纺成的纱,纤维头端少且纤维间抱合力大,所以织物不易起毛起球。粗纤维较硬挺,起毛后不易纠缠成球。纤维截面形状对织物起毛起球有一定的影响。一般说来,圆形截面的纤维比异形截面的纤维易起毛起球,因为圆形截面的纤维抱合力较小而且不硬挺。为此,生产异形纤维可降低织物的起球性。另外,卷曲多的纤维也易起球。细羊毛比粗羊毛易起球,原因之一是细羊毛卷曲比粗羊毛多。

2. 纱线结构

纱线捻度、条干均匀度影响织物起毛起球性。纱线捻度大时,纱中纤维被束缚得很紧密,纤维不易被抽出,所以不易起球。涤棉混纺织物适当增加纱的捻度,不仅能增强织物滑爽硬挺的风格,还可降低起毛起球性。纱线条干不匀时,粗节处捻度小,纤维间抱合力小,纤维易被抽出,织物易起毛起球。精梳纱织物与普梳相比,前者不易起毛起球。花式纱、膨体纱织物易起毛起球。

3. 织物结构

在织物组织中,平纹织物不易起毛起球,缎纹织物最易起毛起球。针织物较机织物易起毛起球。针织物的起毛起球与线圈长度、针距大小有关。线圈短、针距细时,织物不易起毛起球。表面平滑的织物不易起毛起球。

4. 后整理

如织物在后整理加工中,适当经烧毛、剪毛、刷毛处理,可降低织物的起毛起球性。对织物进行热定形或树脂整理,也可降低织物的起毛起球性。

👉 任务实施

一、操作仪器、用具及试样

(1)圆轨迹起球仪:试样夹头与磨台质点相对运动的轨迹为圆,相对运动速度为(60 ± 1)r/min,试样夹环内径(90 ± 0.5)mm,夹头能对试样施加表4-5所列的压力,夹头压力可调,压力误差为$\pm 1\%$。仪器装有自停开关。

表4-5　夹头加压重量及摩擦转数

样品类型	压力(cN)	起毛次数	起球次数
化纤丝针织物	590	150	150
化纤丝机织物	590	50	50
军需服(精梳混纺)	490	30	50
精梳毛织物	780	0	600
粗梳毛织物	490	0	50

(2)尼龙刷:尼龙丝直径0.3mm;尼龙丝的刚性必须均匀一致,植丝孔径4.5mm,每孔尼龙丝150根,孔距7mm;刷面要求平齐,刷上装有调节板,可调节尼龙丝的有效高度,从而控制尼龙刷的起毛效果。

(3)磨料织物:2201全毛华达呢,$19.6\text{tex} \times 2$,捻度Z625-S700,密度:445根/10cm$\times$244根/10cm,平方米重量:305g/m²,$\frac{2}{2}$斜纹。

(4)泡沫塑料垫片,重约270g/m²,厚度约8mm,试样垫片直径约105mm。

(5)裁样用具:裁样器,可裁取直径为(113 ± 0.5)mm的试样。也可用模板、笔、剪刀剪取试样。

(6)标准样照:针织物、毛织物各有不同标准样照,样照为5级制:5级为稍发毛无起球,4

级为发毛轻微起球,3级为中等起球,2级为稍严重起球,1级为严重起球。

(7)评级箱:提供照明以对比试样和样照起球等级的设备。上方装有3.0W的日光灯2支,内四周衬以黑板,试样板角度可调节,日光灯到试样板垂直距离为30cm。

二、测试标准

下列标准所包含的条文,通过在本标准中引用而构成为本标准的条文。本标准出版时,所示版本均为有效。所有标准都会被修订,使用本标准的各方应探讨使用下列标准最新版本的可能性。

GB/T 6529—2008 《纺织品 调温和试验用标准大气》;

GB/T 8170—2008 《数值修约规则与极限数值的表示和判定》。

三、检测原理

按规定方法和试验参数,利用尼龙刷和磨料或单用磨料,使织物摩擦起毛起球。然后规定光照条件下,将起球后的试样对比标准样照,评定起球等级。

四、操作步骤

(1)将样品在试验用标准大气下暴露24h以上。在距织物布边10cm以上部位随机剪取试样5块,试样上不得有影响试验结果的疵点。

(2)仪器准备:试验前仪器应保持水平,尼龙刷保持清洁。如果仪器每天使用,每星期至少做一次清洁工作。用合适的溶剂(如丙酮)清洁刷子,用手刷梳除短绒和用夹子夹去突出的尼龙丝。

(3)夹持试样:分别将泡沫塑料垫片、试样和磨料装在试验夹头和磨台上,试样必须正面朝外。

(4)进行测试:按表4-5调试样夹头加压重量及摩擦转数,其他织物可以参照表中所述类似织物或另行选定试验参数和磨料,进行实验。

取下试样,在评级箱内,根据试样上的大小、密度、形态对比相应标准样照,以最邻近的0.5级评定每块试样的起球等级。当试样正面起球状况异常时,视其对外观服用影响的程度综合评定并加以说明。

(5)记录与计算:

试样名称										
次 序		1	2	3	1	2	3	1	2	3
摩擦次数	尼龙刷									
	磨料织物									
各块评级										
评 级										

五、任务拓展

走访附近服装商场,选择部分针织服装和面料,比较它们的起毛起球性能。

项目4-5　织物耐磨性能检验

【项目任务】

某公司送来4种机织毛料样品和4种针织面料样品,要求测试其耐磨性能并出具检测报告。

【项目要求】

1. 在学习查阅相关资料和标准的基础上,采用分组讨论的方式,制订工作计划,并写出实施方案。
2. 在教师的指导下,以小组为单位,学生在纺织检测实训室,按照标准进行耐磨性能检验。
3. 安全、规范地使用仪器及化学试剂,并做好实验场地的清洁整理工作。
4. 完成检测报告。
5. 小组互评,教师点评。

织物耐磨性是指织物抵抗与另一物体摩擦而磨损的性能。在服用过程中,织物磨损的受力一般都较小,但作用频繁,而且受磨损的方式与部位因人而异。因此,进行织物耐磨试验时,磨料类型及磨损方式的选择尤为重要。

一、织物耐磨损性的测试方法

1. 平磨

平磨是模拟衣服袖部、臀部、袜底等处的磨损情况,使织物试样在平放状态下与磨料摩擦。按对织物的摩擦方向又可分为往复式和回转式两种。

2. 曲磨

曲磨是指织物试样在弯曲状态下反复与磨料摩擦所受到的磨损。它是模拟上衣肘部和裤子膝部等处的磨损状况。

3. 折边磨

折边磨是织物试样在对折状态下,折边部位与磨料摩擦所受到的磨损。它是模拟上衣领口、袖口、袋口、裤脚口及其他折边部位的磨损。

4. 动态磨

动态磨是指织物试样在反复拉伸和反复弯曲状态下与磨料摩擦所受到的磨损。它是模拟服装在人体活动过程中的磨损。

5. 翻动磨

翻动磨是指织物试样在任意翻动状态下,受拉伸、弯曲、压缩和撞击,并与磨料摩擦所受到的磨损。它是模拟被服在洗衣机中洗涤时的磨损。

6. 穿着实验

穿着实验是将不同的织物试样分别做成衣、裤、袜等,组织合适的人员在实际工作环境中服用,经一定时间后评定其耐磨性。

穿着实验评定时,先对各种试样的不同部位规定出不能继续使用的淘汰界限,如裤子的臀部、膝部以出现一定面积的破洞作为淘汰界限;裤边以磨破一定长度作为淘汰界限等。然后,由淘汰界限决定试穿后的淘汰件数,再计算出淘汰率。

二、磨损破坏的形式

织物的磨损可以是纤维的磨损断裂、纤维的抽出脱落、纱线的解体、织物本身结构的破坏,但归根结底是织物表面状况的破坏。织物受摩擦而损坏的原因和过程是十分复杂的,因此织物在实际使用中受摩擦而损坏的形式也是十分复杂的。

破损的方式有平磨、曲磨、折边磨、动态磨、翻动磨等。

纺织产品的磨损主要表现在下述五个方面:

(1)摩擦过程中纤维之间不断碰撞,纱线中的纤维片段因疲劳性损伤出现断裂,导致纱线的断裂。

(2)纤维从织物中抽出,造成纱线和织物结构的松散,反复作用下纤维可能完全被拉出,导致纱线变细,织物变薄,甚至解体。

(3)纤维被切割断裂,导致纱线的断裂。

(4)纤维表面磨损,纤维表层出现碎片丢失。

(5)摩擦产生高温,使纤维产生熔融或塑性变形,影响纤维的结构和力学性质。

磨损表现在织物的形态变化主要是破损、质量的损失、外观出现变色、起毛起球等变化。

纺织产品的耐磨性能检测有多种方法,例如平磨法、曲磨法、折边磨法和复合磨法等。马丁代尔法属于平磨法的一种,被广泛应用于服装、家用纺织品、装饰织物、家具用织物的耐磨性检测。

本试验采用织物平磨仪。

三、影响织物耐磨损性的主要因素

1. 纤维的性质和几何特征

在同样的纺纱条件下,纤维长时,纤维间抱合力大,摩擦时纤维不易从纱中抽出,有助于织物的耐磨性。纤维的细度适中有利于耐磨,一般认为 2.78～3.33dtex 较为适当。适当粗些,较耐平磨;适当细些,较耐屈曲磨和折边磨。一般异形纤维织物的耐屈曲磨性及耐折边磨性比圆形纤维织物差,这是因为织物屈曲磨和折边磨时,纤维处于弯曲状态,而异形纤维宽度大于圆形纤维,不耐弯曲的缘故。

纤维的断裂伸长率、弹性回复率及断裂比功是影响织物耐磨性的决定性因素。由于织物磨损过程中,纤维疲劳而断裂是最基本的破坏形式。因此纤维断裂伸长率大、弹性回复率高及断裂比功大的,织物的耐磨性一般都较好。

2. 纱线结构

(1)纱线的捻度:捻度过大时,会使纱体变得刚硬,摩擦时,不易压扁,接触面积小,易造成局部应力增大,使纱线局部过早磨损,这都不利于织物的耐磨性。捻度过小时,纱体疏松,纤维在纱中受束缚程度小,容易抽出,也不利于织物的耐磨性。因此在其他条件相同的情况下,纱线的捻度适中,耐磨性好。

(2)纱线的条干:纱线条干差时,粗处结构较松,摩擦时纤维易抽出,使纱体结构变松,织物耐磨性下降。

(3)单纱与股线:线织物的耐平磨性优于纱织物。这是由于股线结构较单纱紧密,纤维间抱合较好,不易抽出。但在屈曲磨,特别是折边磨时,线织物的耐磨性不如纱织物。主要是由于结构紧密的股线中纤维片段的可移动性小,容易在曲折部位产生局部应力集中,使纤维受切割破坏。

(4)混纺纱的径向分布:从织物耐磨性考虑,应要求耐磨的纤维分布在纱的外层。如涤腈混纺时,若两种纤维的长度相近,则应选用细度比腈纶粗的涤纶,以使混纺后,涤纶大多转移到纱的外层,从而改善织物的耐磨性。

3. 织物结构

织物的结构是影响织物耐磨性的主要因素之一,因此可以通过改变织物的结构来提高织物的耐磨性。

(1)织物厚度:织物厚度对织物的耐平磨性的影响显著。织物厚些,耐平磨性提高,但耐曲磨和折边磨性能下降。

(2)织物组织:织物组织对耐磨性的影响随织物的经纬密度不同而不同。在经纬密度较低的织物中,平纹织物的交织点较多,纤维不易抽出,有利于织物的耐磨性。在经纬密较高的织物中,以缎纹织物的耐磨性最好,斜纹织物次之,平纹织物最差。因为在经纬密度较高时,纤维在织物中附着得相当牢固,纤维破坏的主要方式是纤维产生应力集中,被切割断裂。这时,若织物浮线较长,纤维在纱中可作适当的移动,有利于织物的耐磨性。当织物经纬密度适中时,又以斜纹织物的耐磨性最好。

(3)织物内经纬纱细度:在织物组织相同时,织物中纱线粗些,织物的支持面大,织物受摩擦时,不易产生应力集中;纱线粗时,纱截面上包括的纤维根数多,纱线不易断裂,这些都有利于织物的耐磨性。

(4)织物支持面:织物支持面大,说明织物与磨料的实际接触面积大,接触面上的局部应力小,有利于织物的耐磨性。

(5)织物平方米重量:织物平方米重量对各类织物的耐平磨性都是极为显著的。耐磨性几乎随平方米重量增加呈线性增长。但对于不同织物,其影响程度不同。同样单位面积重量的织物,机织物的耐磨性优于针织物。

(6)织物表观密度:织物的密度、厚度与表观密度直接相关。试验证明,织物表观密度达到 $0.6g/cm^3$ 时,耐折边磨性能明显改善。

4. 试验条件

(1)磨料的影响:不同的磨料之间无可比性,磨料的种类很多,有各种金属材料、金刚砂材料、皮革、橡皮、毛刷及各种织物。常用的磨料是金属材料、金刚砂材料以及标准织物,不同的磨料引起不同的磨损特征。表面光滑的金属材料,特别是标准织物的作用比金刚砂材料缓和,纤维多为疲劳或表皮损伤而断裂。金刚砂材料作用比较剧烈,纤维多因切割断裂或纤维抽拔使纱线解体,而使织物磨损。

(2)张力和压力的影响:施加于试样上的张力或压力大时,织物虽经较少摩擦次数,也会被磨损。

(3)温湿度的影响:试验时的温湿度,也会影响织物的耐磨性,而且对不同纤维的织物影响程度不同。对于吸湿好的纤维影响大,对于吸湿性差的涤纶、丙纶、腈纶、锦纶等织物几乎没有影响或影响较小。对黏胶纤维织物的影响最大。因为黏胶纤维吸湿后强力降低,加上由于纤维吸湿膨胀,使织物变得硬挺,故耐磨性明显下降。实际穿着试验还表明,由于织物受日晒、汗液、洗涤剂等的作用,不同环境下使用相同规格的织物,其耐磨性并不相同。

5. 后整理

后整理可以提高织物的弹性和折痕回复性,但整理后原织物强度、伸长率有所下降。在作用比较剧烈、压力比较大时,强力和伸长率对织物耐磨的影响是主要的。因此,树脂整理后,织物耐磨性下降。当作用比较缓和、压力比较小时,织物的弹性回复率对织物耐磨的影响是主要的。因此,树脂整理后,植物表面的毛羽减少,这也有利于织物的耐磨性。实际经验还表明,树脂整理对织物耐磨的影响程度还与树脂浓度有关。

以上分析表明,织物耐磨性的优劣是多种因素综合作用的结果。其中以纤维性质和织物结构为主要因素。在实际生产中,应根据织物的用途、使用条件不同,选用不同的纤维和织物结构,以满足对织物耐磨性的要求。

☞任务实施

一、操作仪器

YG(B)522 型织物耐磨机。

二、测试标准

GB/T 21196.2—2007《纺织品 马丁代尔法织物耐磨性的测定 第 2 部分:试样破损的测定》;

GB/T 21196.3—2007《纺织品 用马丁代尔(Martindale)法对织物抗磨损性的测定 第 3 部分:质量损失的测定》;

GB/T 21196.4—2007《纺织品 用马丁代尔(Martindale)法对织物抗磨损性的测定 第 4 部分:外观变化的评定》。

三、实验原理

将织物试样在一定条件下与磨料(砂轮)接触并做相对运动,使试样受到多方向的磨损,通过对比织物磨损前后的变化或将织物上的纱线磨断所摩擦的圈数来评价其耐磨性。YG(B)522 型织物耐磨机的工作原理为:将试样固定在工作圆盘上,圆盘以 70r/min 做等速回转运动,圆盘的上方有两个支架,支架上分别有两个砂轮磨盘在自己的轴上回转。试验时,工作圆盘上的试样与两个砂轮磨盘接触并做相对运动,试样受到多方向磨损后形成一个磨损圆环。

四、操作步骤

（1）将剪好的试样，中间剪开一个小孔，将试样固定在工作圆盘上，旋紧夹布环，使试样受到一定的张力。

（2）选用适当压力，加压重锤有四种：125g、250g（支架本身重）、500g、1000g；选用适当的砂轮做磨料，磨料有3种：粗A-100、中A-150、细A-280；调节吸尘管高度和风量，一般高出试样表面1～1.5mm为宜，根据磨屑的多少调节吸尘管风量。

（3）接通电源，计数器清零，按"启动"键开始试验。

（4）观察织物表面，当织物上纱线断裂时，按"停止"键，记录摩擦次数，试验结束。

（5）记录与计算。

试样尺寸_____

试样名称	加压(g)	磨盘转数	试样磨前重量(g)	试样磨后重量(g)	重量减少率(%)

五、结果评定

织物耐磨性的评定方法通常有：

（1）观察外观性能的变化。经相同条件的摩擦后织物光泽、起毛、起球等外观形态的变化，磨断纱线的根数等。

（2）测定物理性能的变化。织物经规定条件的磨损后，测其质量、厚度、透气或断裂强度等的变化。

六、任务拓展

（1）了解牛仔服装后整理中利用耐磨性如何改变服装风格。

（2）走访附近服装商场，选择部分服装和面料，比较它们的耐磨性能。

项目4-6 织物悬垂性能检验

【项目任务】

某公司送来一种布样，要求检测织物的悬垂性能，并出具检测报告。

【项目要求】

1. 在学习查阅相关资料和标准的基础上,采用分组讨论的方式,制订工作计划,并写出实施方案。

2. 在教师的指导下,以小组为单位,学生在纺织检测实训室,按照标准检测织物的悬垂性能。

3. 安全、规范地使用仪器,并做好实验场地的清洁整理工作。

4. 完成检测报告。

5. 小组互评,教师点评。

一、悬垂性术语和指标

1. 悬垂性

悬垂性是指织物因自重下垂且能形成平滑和曲率均匀的曲面的性能。

2. 悬垂性系数(F)

表达悬垂性的指标是悬垂性系数F,其计算式如下。

$$F = \frac{G_2 - G_3}{G_1 - G_3} \times 100\% \qquad\qquad (4-1)$$

式中:G_1——与试样相同大小的纸重,mg;

G_2——与试样投影图相同大小的纸重,mg;

G_3——与夹持盘相同大小的纸重,mg。

织物的悬垂系数F小,说明织物柔软,柔软的织物具有好的悬垂性。但用悬垂系数评价织物的悬垂性也有不足之处,有些织物悬垂系数F小,但是悬垂时并不能形成曲率均匀的弧面,没有美感,就不能说这种织物具有优良的悬垂性。只有满足悬垂系数较小,而且又能形成曲率均匀的弧面时,才能认为是具有优良的悬垂性。

纤维刚柔性(Flexibility)是影响织物悬垂性的主要因素;当织物厚度增加时,悬垂性也变差;针织物由于线圈结构特征与机织物的结构不同,其悬垂性往往要比机织物好。

二、影响织物悬垂性的因素

1. 纤维的刚柔性

纤维的刚柔性是影响织物悬垂性的主要因素。刚性大的纤维制成的织物硬挺,织物的悬垂性差,如麻织物。柔软的纤维制成的织物一般悬垂性较好,如羊毛、蚕丝、黏胶纤维等织物。细纤维刚性低,制成的织物悬垂性比粗纤维好。

2. 纱线结构

纱线结构紧密,则纱线的抗弯刚度大,织物的悬垂性差。纱线捻度适中,有利于织物的悬垂性。细的纱线也有利于织物的悬垂性。

3. 织物的紧度与厚度

织物的紧度较大时,织物的抗弯刚度大,织物的悬垂系数大。在其他条件相同时,织物厚度增加,悬垂系数明显减小,这是由于织物厚度增加,平方米重量增加而引起的。相同厚度的针织物与机织物相比,针织物的悬垂性好于机织物。

4. 后整理

在织物的整理加工中,若对织物进行硬挺整理,则织物的悬垂系数增大,悬垂性变差。若进行柔软整理,则织物悬垂系数减小,悬垂性有所改善。

三、测试方法

织物的悬垂性可以用光电悬垂仪进行测试,如图4-3所示。试样为圆形,试验时,将试样放在小圆盘架上,并使中心与小圆盘架中心对准。织物下垂程度小、遮光多、光电流小;相反,则光电流大。根据光电流的大小间接反映出织物的悬垂性好坏。

织物悬垂性试验程序参见标准 GB/T 23329—2009《纺织品 织物悬垂性的测定》。

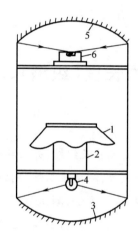

图4-3 YG811 光电式织物悬垂性测定仪
1—试样 2—小圆盘架 3、5—反光镜 4—光源 6—光电管

👉任务实施

一、操作仪器、用具及试样

织物悬垂性测试仪、剪刀。不同品种有代表性的织物若干块。

二、测试标准

标准 GB/T 23329—2009《纺织品 织物悬垂性的测定》。

三、操作步骤

(1)取织物试样一块,用剪刀裁取圆形试样(试样直径为24cm)。

(2)剪取与试样及夹持盘大小相同的制图纸两片,在天平上称重。

(3)将圆形试样放在小圆盘上,使试样的中心与小圆盘的中心对准,并用圆形盖板压住。

(4)打开电灯,并校正其高度,在不使试样产生虚影的条件下将电灯固定。

（5）在试样下放好制图纸,用铅笔将投影的图形绘下来,然后剪下图形,再次称重。

（6）结果计算。记录与计算。

试样名称	$G_1 - G_3$	$G_2 - G_3$	$F(\%)$

四、任务拓展

简述织物的悬垂性与织物结构有什么关系。

项目4-7　织物长度(织缩)、幅宽及厚度测定

【项目任务】

某公司送来一种织物,要求检测其尺寸及织缩,并出具检测报告。

利用测长工具、捻度仪及厚度测试仪,测试机织物的长度(织缩)、幅宽及厚度。

通过检测,学会仪器的使用,掌握试验方法、测试原理和各指标的计算方法,并了解影响试验结果的因素。正确认识机织物的结构和组织,识别指定织物的结构。

【项目要求】

1. 在学习查阅相关资料和标准的基础上,采用分组讨论的方式,制订工作计划,并写出实施方案。

2. 在教师的指导下,以小组为单位,学生在纺织检测实训室,按照标准分别检测织物的织缩、幅宽及厚度。

3. 安全、规范地使用仪器,并做好实验场地的清洁整理工作。

4. 完成检测报告。

5. 小组互评,教师点评。

一、织物的几何尺寸

1. 匹长

一匹织物两端最外边纬纱之间的距离称为匹长,用 L 表示,单位为米(m)。棉织物的匹长,一般为 27~40m;毛织物的匹长,一般大匹为 60~70m,小匹为 30~40m。

2. 幅宽

织物的宽度是指织物横向的最大尺寸。棉织物的幅宽分别为中幅及宽幅两类。中幅为81.5～106.5cm,宽幅为127～167.5cm。粗梳毛织物的幅宽一般有143cm、145cm、150cm 三种。精梳毛织物的幅宽一般有144cm 和149cm。新型织机使宽幅织物越来越多。

3. 厚度

织物在一定压力下正反面间的垂直距离,单位为毫米(mm)。织物按厚度的不同可分为薄型、中厚型和厚型三类。各类棉、毛、丝织物的厚度见表4-6。

表4-6 各类棉、毛、丝织物的厚度　　单位:mm

织物类别	棉织物	毛织物		丝织物
		精梳毛织物	粗梳毛织物	
薄型	0.25 以下	0.40 以下	1.10 以下	0.14 以下
中厚型	0.25～0.40	0.40～0.60	1.10～1.60	0.14～0.28
厚型	0.40 以上	0.60 以上	1.60 以上	0.28 以上

影响织物厚度的主要因素为经纬纱线的线密度、织物组织和纱线在织物中的弯曲程度等。假定纱线为圆柱体,且无变形,当经纬纱直径相等时,在简单组织的织物中,织物的厚度可在纱线直径的2～3 倍范围内变化。纱线在织物中的弯曲程度越大,织物就越厚。

织物厚度对织物服用性能的影响很大,如织物的坚牢度、保暖性、透气性、防风性、刚柔性、悬垂性、压缩等性能,在很大程度上都与织物厚度有关。

二、测试原理

1. 测织缩

从一已知长度的织物试样中拆下纱线,在张力作用下使之伸直,并在该状态下测量其长度并测定其质量(在标准大气中),根据质量与伸直长度总和计算织缩率。

2. 测幅宽

整段织物能放在标准大气中调湿的,在调湿后,用钢尺在织物的不同点测量幅宽;整段织物不能放在标准大气中调湿的,可使织物松弛后,在温湿度较稳定的普通大气中测量其幅宽,然后用一系数对幅宽加以修正。

3. 测厚度

试样放置在基准板上,平行于该板的压脚,将规定压力施加于试样面积上,规定时间后测定并记录接触试样的压脚面与基准板间的垂直距离,即为试样厚度。

☞**任务实施**

一、操作仪器、用具及试样

钢尺或卷尺,织物测厚仪(图4-4)、捻度仪、天平,试样为机织物一块。

(a) YG141L数字式织物测厚仪　　　　　(b) LFY-205织物测厚仪

图 4 - 4　织物测厚仪

二、测试标准

FZ/T　01091—2008《机织物结构分析方法　织物中纱线织缩的测定》;

GB/T　4666—2009《纺织品　织物长度和幅宽的测定》;

GB/T　3820—1997《纺织品和纺织制品厚度的测试》;

GB/T　13761.1—2009《土工合成材料　规定压力下厚度的测定　第 1 部分:单层产品厚度的测定方法》;

GB/T　24218.2—2009《纺织品　非织造布试验方法　第 2 部分:厚度的测定》。

三、操作步骤

1. 操作准备与参数设置

调湿和试验采用 GB/T　6529—2008《纺织品　调湿和试验用标准大气》规定。试样应调湿 16h 以上,合成纤维至少平衡 2h,公定回潮率为零的样品可直接测定。

2. 仪器调试

(1)织缩:根据纱线的种类和线密度,选择并调整好伸直张力。

(2)厚度:根据样品选取压脚。对于表面呈凹凸不平的花纹结构,压脚直径应不小于花纹循环长度,如需要可选用较小压脚分别测定并报告凹凸部位的厚度。

3. 织物织缩测试

(1)分离纱线和测量长度,校正捻度机试验机两夹头间的距离为 100mm。

(2)根据纱线的种类和线密度,选择并调整好伸直张力。

(3)用分析针轻轻地逐步从试样的中部拨出最外侧的 1 根纱线,两端各留约 1cm 仍交织着的长度。从交织着的纱线中拆下纱线一端(注意不能使纱线产生退捻或加捻),并置于右夹持器中,使纱线的标记处与基准线重合,然后闭合夹持器,再从织物中拆下纱的另一端,用同样方法置于左夹持器。

(4)轻轻放开左夹持器,使纱线在预加张力的作用下伸直,读取纱线伸长值 ΔL。

(5)重复以上步骤,随时把留在布边的纱缨剪去,以免纱线在拆下过程中受到伸长,从 5 个试样中各测 10 根纱线的伸直长度(精确至 0.5mm)。

(6)测定纱线质量。

4. 织物幅宽测试

(1)试样调湿样:试样放置在标准大气中,使织物处于松弛状态至少 24h。

（2）测量方法：长度＞5m，测量次数≥5次，每次测量点间接近相等间距（＜1m），离织物头尾≥1m；长度为0.5～5m，测量次数为4次，4次测量点间距相等，离织物头尾≥5m。

5. 织物厚度测试

（1）清洁参考板和压脚表面，检查压脚轴。设定压力，放下压脚，指示表读数为0。

（2）提升压脚，将试样平整、无张力地放在基准板上。

（3）轻轻放下压脚并保持恒定压力，压脚接触到试样开始，规定时间后读取厚度值。

（4）如果需要测定不同压力下的厚度（如土工布等），可以对试样重复以上步骤。

6. 结果分析

记录：试样名称与规格、仪器型号、仪器工作参数、环境温湿度、原始数据。计算织缩、幅宽和厚度。

经纱织缩率计算：

纬纱织缩率计算：

项目		经纱	纬纱
纱线长度（mm）	1		
	2		
	3		
	4		
	5		
	6		
	7		
	8		
	9		
	10		
10根纱线总长度（mm）			
10根纱线总重量（mg）			
织缩率（%）			
纱线公定回潮率（%）			
纱线实际回潮率（%）			
上浆率（%）			
特数			

四、任务拓展

搜集一下日常生活中使用的不同组织结构的机织面料，说出它的商品名称及应用场合，并比较一下各种不同组织的性能特点。

项目 4 – 8　机织物密度与经纬纱线密度测定

【项目任务】

某公司接到外商提供的一块布样,要求按布样加工 10 万米,现各小组分工检测,某组要求检测其经纬密和经、纬纱线密度。

利用织物密度测试仪或拆纱法检测机织物密度,计算织物经、纬向紧度及总紧度。通过试验,掌握织物密度的测量方法和紧度的计算,并比较不同织物的紧密程度。

利用捻度仪和天平,测试机织物经、纬纱线的线密度。通过实验,掌握织物中纱线线密度的测定方法及计算方法。

分析布样的经纬向、厚度、幅宽、正反面、织缩率、组织结构、纱线线密度、织物密度等,掌握来样分析的内容和方法。

【项目要求】

1. 在学习查阅相关资料和标准的基础上,采用分组讨论的方式,制订工作计划,并写出实施方案。

2. 在教师的指导下,以小组为单位,学生在纺织检测实训室,按照标准分别检测布样的经纬密和经纬纱线密度。

3. 安全、规范地使用仪器,并做好实验场地的清洁整理工作。

4. 完成检测报告。

5. 小组互评,教师点评。

一、经纬纱线密度

织物中经纬纱线密度一般用特数来表示。其表示方法:将经、纬纱特数 Tt_T、Tt_W 自左向右联写成 $Tt_T \times Tt_W$,比如 14.5tex × 14.5tex 表示经纱和纬纱都是 14.5tex 的单纱;(14tex × 2) × 28tex 表示经纱是 2 根 14tex 的单纱并捻成的双股线;(14tex × 2) × (14tex × 2) 表示经纱和纬纱都是 2 根 14tex 的单纱并捻成的双股线。而(60/2) × (60/2) 表示经纱和纬纱都是 60 支两股的股线。棉型织物经纬纱线密度的"支"表示英支,毛型织物经纬纱线密度的"支"表示公支。我国法定计量单位规定,公制支数和英制支数均应用特数(tex)表示。如上例中 60 英支/2 × 60 英支/2 应写为(9.7tex × 2) × (9.7tex × 2),60 公支/2 × 60 公支/2 应写为(16.7tex × 2) × (16.7tex × 2)。

织物中经纬纱线密度的选用取决于织物的用途与要求,应做到合理配置。经纬纱线密度差异不宜过大,常采用经纱的线密度等于或小于纬纱的线密度的配置,这样可以提高织物产量。

二、密度

织物密度是指织物中经向或纬向单位长度内的纱线根数,单位为根/10cm。其表示方法:将经纱密度 M_T 和纬纱密度 M_W 自左向右联写成 $M_T \times M_W$,如 236×220 表示该织物经纱密度是 236 根/10cm,纬纱密度是 220 根/10cm。织物的经纬纱密度要根据织物的性能进行设计,大多数织物采用经纱密度大于或等于纬纱密度的配置方法。

👉 任务实施

一、操作仪器、用具及试样

织物分析镜、织物密度镜(图4-5、图4-6);试样为机织物;试验仪器为捻度仪、烘箱、天平、钢尺等。

图4-5 织物分析镜

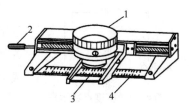

图4-6 织物密度镜
1—放大镜 2—转动螺杆 3—刻度线 4—刻度尺

二、测试标准

GB/T 4668—1995《机织物密度的测定》;

GB 6529—2008《纺织品 调湿和试验用标准大气》;

FZ/T 01093—2008《机织物结构分析方法 织物中拆下纱线线密度的测定》。

三、操作步骤

1. 试样准备

(1)试样应在标准大气条件下进行调湿处理,调湿和试验用大气采用 GB 6529—2008《纺织品 调湿和试验用标准大气》规定的标准大气,仲裁性试验在实际操作中一般采用一级标准大气。

(2)机织物1块。调湿过的样品应平整无折皱,不受张力。

仪器调试:根据纱线的种类和线密度,选择并调整好伸直张力。

2. 操作步骤

(1)织物密度镜法。

①试验时将织物密度镜平放在织物上,刻度线沿经纱或纬纱方向。然后转动螺杆,将刻度线与刻度尺上的零点对准,用手缓缓转动螺杆,计数刻度线所通过的纱线根数,直至刻度线与刻度尺的50mm处相对齐,即可得出织物在50mm中的纱线根数。

②检验密度时,把密度计放在布匹的中间部位(距布的头尾不少于5m)进行。纬密必须在

每匹经向不同的 5 个位置检验,经密必须在每匹的全幅上同一纬向不同的位置检验 5 处,每处的最小测定距离按表 4 - 7 中的规定进行。

表 4 - 7　密度测试时的最小测定距离

密度(根/cm)	10 根以下	10 ~ 25	25 ~ 40	40 以上
最小测定距离(cm)	10	5	3	2

③点数经纱或纬纱根数,精确至 0.5 根。点数的起点均以在 2 根纱线间空隙的中间为标准。如起点到纱线中部为止,则最后一根纱线计 0.5 根,凡不足 0.25 根的不计,0.25 ~ 0.75 根按 0.5 根计,超过 0.75 按 1 根计,如图 4 - 7 所示。

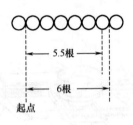

图 4 - 7　密度点数示意

(2)织物分解点数法。凡不能用密度计算出纱线的根数时,可按上述规定的测定次数,在织物的相应部位剪取长、宽各符合最小测定距离要求的试样,在试样的边部拆去部分纱线,再用小钢尺测量试样长、宽各达规定的最小测定距离,允差 0.5 根纱。然后对准备好的试样逐根拆点根数,将测得的一定长度内的纱线根数折算成 10cm 长度内所含纱线的根数。指标计算同上。

(3)捻度仪法。

①分离纱线,测量长度。

②校正捻度机试验机两夹头间距离为 100mm。

③根据纱线的种类和线密度,选择并调整好伸直张力。

④用分析针轻轻地逐步从试样的中部拨出最外侧的 1 根纱线,两端各留约 1cm 仍交织着的长度,从交织着的纱线中拆下纱线一端(注意不能使纱线产生退捻或加捻,对某些捻度小的纱线及吸湿时极易伸长的纱线如黏胶纤维纱,尤其要避免纱线意外伸长),并置于右夹持器中,使纱线的标记处与基准线重合,然后闭合夹持器,再从织物中拆下纱的另一端,用同样方法置于左夹持器上。

⑤轻轻放开左夹持器,使纱线在预加张力的作用下伸直,读取纱线伸长值 ΔL。

⑥重复以上步骤,随时把留在布边的纱缨剪去,以免纱线在拆下过程中受到拉伸,从 5 个试样中各测 10 根纱线的伸直长度(精确至 0.5mm)。

⑦测定纱线重量。

3. 结果分析

(1)织物经、纬密:将所测数据折算至 10cm 长度内所含纱线的根数。并求出平均值。密度计算至 0.01 根,修约至 0.1 根。

(2)织物紧度计算:计算经向紧度、纬向紧度和总紧度。

紧度计算公式:

经向紧度:
$$E_t = d_t \times M_t$$

纬向紧度:
$$E_w = d_w \times M_w$$

总紧度:
$$E = E_t + E_w - 0.01 E_t E_w$$

纱线直径：
$$d = 0.03568 \sqrt{\frac{N_t}{\gamma}}$$

式中：E_t——经纱紧度（%）；

　　E_w——纬纱紧度（%）；

　　E——总紧度（%）；

　　d_t——经纱直径（mm）；

　　d_w——纬纱直径（mm）；

　　M_t——经纱密度（根/100mm）；

　　M_w——纬纱密度（根/100mm）；

　　N_t——经（纬）纱特数（tex）；

　　γ——经（纬）纱体积质量（mg/mm^2）。

（3）对每个试样测定的一组（10 根）纱线，计算平均伸直长度，精确到小数点后 1 位；再计算纱线线密度。

记录与计算：

织物密度：

经纱（根）					
经密（根/10cm）					
平均值					

纬纱（根）					
纬密（根/10cm）					
平均值					

经纱线密度计算：

纬纱线密度计算：

四、任务拓展

（1）走访附近的布料市场，采集面料回来进行分析，并写出分析报告。

（2）如何区分针织物面料与机织物面料？

项目4 –9　棉本色布分等

【项目任务】

某公司生产一批纯棉坯布，要求对其分等，并出具检测报告。

按照标准规定的棉本色布的七项指标分别进行测定，按照评等标准确定最终等级。

为了保证最终产品的质量满足用户需要，必须对织物进行品等质量评定。棉布的品质包括内在质量和外观质量两个方面,掌握棉布品等方法、织物品等评定是考核织造厂产品质量和贯彻"优质优价""优质优用"等原则所必需的,在产品验收中它可作为生产部门与商业部门质量评定的依据,并以此分析和提高织物的质量。

【项目要求】

1. 在学习查阅相关资料和标准的基础上,采用分组讨论的方式,制订工作计划,并写出实施方案。

2. 在教师的指导下,以小组为单位,学生在纺织检测实训室,按照标准对本色棉布进行分等。

3. 安全、规范地使用仪器,并做好实验场地的清洁整理工作。

4. 完成检测报告。

5. 小组互评,教师点评。

一、棉本色布品质检验的项目、技术要求及分等规定

(1)棉本色布品质检验的项目有七项,即织物组织、幅宽、密度、断裂强力、棉结杂质疵点合格率、棉结疵点合格率、布面疵点。其技术要求和分等规定见表4-8~表4-10。

(2)棉本色布的品等分为优等品、一等品、二等品和三等品,低于三等品的为等外品。

(3)棉本色布的评等以匹为单位,织物组织、幅宽、布面疵点按匹评等;密度、断裂强力、棉结杂质疵点合格率、棉结疵点合格率按匹评等,以最低的一项品等作为该匹布的品等。

表4-8 棉本色布的技术要求

项目	标准	允许偏差		
		优等品	一等品	二等品
织物组织	设计规定	符合设计要求	符合设计要求	不符合设计要求
幅宽(cm)	产品规格	+1.2% -1.0%	+1.5% -1.0%	+2.0% -1.5%
密度(根/10cm)	产品规格	经密 -1.2% 纬密 -1.0%	经密 -1.5% 纬密 -1.0%	经密超过 -1.5% 纬密超过 -1.0%
断裂强力(N)	按断裂强力 公式计算	经向 -6% 纬向 -6%	经向 -8% 纬向 -8%	经向超过 -8% 纬向超过 -8%

注:当幅宽偏差超过1.0%时,经密允许偏差范围为 -2.0%

表4-9 棉结杂质疵点合格率、棉结疵点合格率规定

织物分类	织物总紧度(%)	棉结杂质疵点合格率(%) ≤		棉结疵点合格率(%) ≤	
		优等品	一等品	优等品	一等品
精梳织物	70 以下	14	16	3	8
	70~85	15	18	4	10
	85~95	16	20	4	11
	95 及以上	18	22	6	12

织物分类		织物总紧度(%)	棉结杂质疵点合格率(%) ≤		棉结疵点合格率(%) ≤	
			优等品	一等品	优等品	一等品
半精梳织物		—	24	30	6	15
非精梳织物	细织物	65 以下	22	30	6	15
		65～75	25	35	6	18
		75 及以上	28	38	7	20
	中粗织物	70 以下	28	38	7	20
		70～80	30	42	8	21
		80 及以上	32	45	9	23
非精梳织物	粗织物	70 以下	32	45	9	23
		70～80	36	50	10	25
		80 及以上	40	52	10	27
	全线或半线织物	90 以下	28	36	6	19
		90 及以上	30	40	7	20

注 1. 棉结杂质疵点格率、棉结疵点格率超过表4-9规定降至二等为止。

2. 棉本色布按经、纬纱平均线密度分类:特细织物:10tex以下(60英支以上),细织物:10～20tex(60～29英支),中粗织物:21～29tex(28～20英支),粗织物:32tex及以上(18英支及以下)。

表4-10 布面疵点评分规定

疵点分类		评分数			
		1	2	3	4
经向明显疵点		8cm 及以下	8～16cm	16～50cm	50～100cm
纬向明显疵点		8cm 及以下	8～16cm	16～50cm	50cm 以上
横档		—	—	半幅及以下	半幅以上
严重疵点	根数评分	—	—	3 根	4 根及以上
	长度评分	—	—	1cm 以下	1cm 及以上

二、布面疵点评等规定

(1)每匹布总评分＝每米允许评分数(分/m)×匹长(m)(计算至1位小数,修约成整数)。

(2)一匹布中所有疵点评分累计超过允许总评分为降等品。

(3)1m内严重疵点评4分为降等品。

(4)每百米不允许有超过3个不可修织的评4分的疵点。

☞任务实施

一、操作仪器、用具及试样

试验仪器为织物密度镜、织物强力试验机、天平、烘箱,棉本色织物。

二、测试标准

GB/T 406—2008《棉本色布》;

GB 6529—2008《纺织品 调湿和试验用标准大气》。

三、操作步骤

(1)织物组织、幅宽和经、纬向密度。

(2)棉结杂质。

(3)经、纬向断裂强力,根据烘箱测定的回潮率,计算其修正强力。

(4)以上各项检验结果的偏差程度,按规定分别评等。

(5)棉结杂质疵点格率,进行棉结杂质疵点格率的评等。

(6)分等规定确定本色棉布的品等。

(7)记录与计算:

①幅宽:

幅宽(cm)				
平均值(cm)				
技术要求(cm)				
偏差程度(%)				
允许偏差(%)				
评等				

②织物密度:

a. 经密:

经密(根/10cm)				
平均值				
技术要求				
偏差程度				
允许偏差				
评等				

b. 纬密:

纬密(根/10cm)				
平均值				
技术要求				
偏差程度				
允许偏差				
评等				

③棉结杂质：

疵点格数					
疵点格率(%)					
技术要求					
评等					

物理指标、棉结杂质评等_____

布面疵点评等_____

棉布评等_____

四、任务拓展

(1)棉本色布进行评等定级是根据哪些技术指标评定的?

(2)到棉织厂开展调查,分品种调查棉织品入库一等品率是多少? 并分析影响入库一等品率的主要因素是什么?

项目5　纺织品安全性能检验

项目5-1　纺织品甲醛含量检验

【项目任务】

某企业送来两块纺织品面料，要求检测纺织品中甲醛含量，并出具检测报告。

【项目要求】

1. 在学习查阅相关资料和标准的基础上，采用分组讨论的方式，制订工作计划，并写出实施方案。

2. 在教师的指导下，以小组为单位，学生在纺织检测实训室，按照标准进行检测。

3. 安全、规范地使用仪器及化学试剂，并做好实验场地的清洁整理工作。

4. 完成检测报告。

5. 小组互评，教师点评。

一、概述

甲醛（Formaldehyde），又名蚁醛，分子式为 HCHO，相对分子质量为 30.03。甲醛是无色具有刺激性的气体，易溶于水。纯粹的甲醛触及皮肤，会与蛋白质结合，因改变结构而凝固，造成皮肤硬化，因此毒性很强。纺织品为了达到防皱、防缩、阻燃等作用，往往会采用含甲醛的印染助剂，在人们穿着和使用过程中，会逐渐释放出游离甲醛，通过人体呼吸道及皮肤接触引发呼吸道炎症和皮肤炎症，还会对眼睛产生刺激。

二、检测方法

甲醛的化学性质十分活泼，因此适用于甲醛的定量分析方法有多种，主要有滴定法、重量法、比色法、气相色谱法和液相色谱法五大类，其中滴定法、重量法适用于高浓度甲醛的定量分析，而比色法、气相色谱法和液相色谱法适用于微量甲醛的定量分析。

纺织品上甲醛定量分析常采用比色法，即采用紫外—可见吸收分光光度法分析技术。根据显色剂的不同可分为：

1. 乙酰丙酮法

该法借助甲醛与乙酰丙酮在过量醋酸存在的条件下发生等摩尔反应，生成浅黄色的 3,5 –

二乙酰基 – 1,4 二氢卢剔啶(Dlacetyl Dihydro Lutidine,缩写为 DDL,重现性好,显色液稳定,而且干扰少)。在其最大吸收波长 412 ~ 415nm 处进行比色测定,该法精密度高,数据重现性好。

2. 亚硫酸品红法

将品红在酸性亚硫酸氢钠溶液中与甲醛反应,生成品红亚硫酸一氢盐,玫瑰红色(偏紫)的盐,在 550 ~ 554nm 的最大吸收波长下进行比色测定,该方法操作简便,但灵敏度偏低,显色液不稳定,重现性较差,适用于较高甲醛含量的定量分析。对甲醛含量较低的纺织品,此法的测定结果与乙酰丙酮法有较大差异。

3. 间苯三酚法

甲醛与间苯三酚在碱性条件下反应生成橘红色化合物,在 460nm 的最大吸收波长下进行比色测定,此法的优缺点与亚硫酸品红法类似。

4. 变色酸法

变色酸法又称铬度酸法。在硫酸介质中甲醛与 1,8 – 二羟萘 – 3,6 – 二磺酸发生缩合和氧化反应,生成紫红色化合物,在最大吸收波长 568 ~ 570nm 处进行比色分析。该法的灵敏度较高,且显色液稳定性好,适用于测定低甲醛含量的纺织品。但该法易受干扰,适用于气相法萃取的样品处理方法。

5. 苯肼法

苯肼或盐酸苯肼与高价铁离子在酸性或碱性介质下,能与甲醛产生红色至橙红色络合物反应,在最大吸收波长 550nm 处进行比色分析,此法用目测也能鉴别。

三、样品前处理

甲醛含量的测定需要将样品进行前处理,按样品前处理制备方式的不同分为两类:液相萃取法和气相萃取法。液相萃取法测得的是样品中游离的和经水解后产生的游离甲醛的总量,用以考察纺织品在穿着和使用过程中因出汗或淋湿等因素可能造成的游离甲醛逸出对人体造成的损害;气相萃取法测得的则是样品在一定温湿度条件下释放出的游离甲醛含量,用以考察纺织品在储存、运输、陈列和压烫过程中所能释放出的甲醛的量,以评估其对环境和人体可能造成的危害。采用不同的前处理方法,所得的测定结果是完全不同的,液相法的结果要高于气相法。

☞任务实施

一、操作仪器、用具及试样

1. 操作仪器、用具

50mL,250mL,500mL,1000mL 容量瓶;250mL 碘量瓶或具塞三角烧瓶;1mL,5mL,10mL,25mL 和 30mL 单标移液管及 5mL 刻度移液管(可以使用与手动移液管同样精度的自动移液管);10mL,50mL 量筒;分光光度计(波长 412nm);具塞试管及试管架;恒温水浴锅(40 ± 2)℃;2 号玻璃漏斗式滤器(符合 GB/T 11415—1989 的规定);天平,精度为 0.1mg。

2. 试剂

所有试剂均为分析纯。

（1）蒸馏水或去离子水，符合 GB/T 6682—2008 的规定。

（2）乙酰丙酮试剂（纳氏试剂）：在 1000mL 容量瓶中加入 150g 乙酸铵，用 800mL 水溶解，然后加入 3mL 冰醋酸和 2mL 乙酰丙酮，用水稀释至刻度，用棕色瓶储存（储存开始 12h 颜色逐渐变深，为此，用前必须储存 12h，有效期为 6 周。经长期储存后其灵敏度会稍起变化，因此每星期应作一校准曲线校对为妥）。

（3）甲醛标准溶液：100μg/mL 甲醛标准溶液。

（4）双甲酮的乙醇溶液：1g 双甲酮用乙醇溶解并稀释至 100mL，现配现用。

二、测试标准

GB/T 2912.1—2009《纺织品 甲醛的测定 第 1 部分：游离和水解》；

GB/T 6682—2008《分析实验室用水规格和试验方法》；

GB/T 11415—1989《实验室烧结（多孔）过滤器孔径、分级和牌号》。

三、甲醛标准曲线的绘制

（1）甲醛标准系列溶液的配制方法：向 500mL 容量瓶中分别吸取 100μg/mL 甲醛标准母液 0.75 mL、1.5 mL、3.75 mL、7.5 mL、15 mL、22.5 mL、30 mL，用蒸馏水或去离子水稀释至刻度，分别对应甲醛标准系列浓度为 0.15μg/mL、0.30μg/mL、0.75μg/mL、1.50μg/mL、3.00μg/mL、4.50μg/mL、6.00μg/mL。

（2）用至少上述配制的 5 种浓度标准系列溶液制作标准曲线。计算工作曲线 $y = a + bx$，此曲线用于所有测量数值，如果试样中甲醛含量高于 500mg/kg，应稀释样品溶液。

四、试样准备

样品不进行调湿，预调湿可能会影响样品中的甲醛含量，测试前样品密封保存。

从样品上取两块试样剪碎，避免污染和用手直接接触样品。称取 1g，精确至 10mg，如果甲醛含量过低，增加试样量至 2.5g，以获得满意的精度。

将每个试样放入 250mL 的碘量瓶或具塞三角烧瓶中，加入 100mL 水，盖紧盖子，放入（40±2）℃的水浴中振荡（60±5）min，用过滤器过滤至另一碘量瓶或具塞三角烧瓶中，供分析用。

五、操作步骤

（1）用单标移液管吸取 5mL 过滤后的样品溶液放入一试管，及各吸取 5mL 甲醛标准溶液分别放入试管中，分别加 5mL 乙酰丙酮溶液，摇动。

（2）首先把试管放在（40±2）℃的水浴中显色（30±5）min，然后取出，常温下避光冷却（30±5）min，用 5mL 水加 5mL 乙酰丙酮溶液作空白对照，用 10mm 的吸收池在分光光度计 412nm 波长处测定吸光度。

（3）做两个平行试验。

（4）如果怀疑吸光度值不是来自甲醛而是由于样品溶液的颜色产生的，用双甲酮进行一次确认试验。

（5）双甲酮确认试验：取 5mL 样品溶液放入一试管，加入 1mL 双甲酮乙醇溶液并摇动，把溶液放入（40±2）℃水浴中显色（10±1）min，加入 5mL 乙酰丙酮试剂摇动，继续按步骤(2)操作。对照溶液用水而不是样品萃取液。来自样品中的甲醛在412nm的吸光度将消失。

六、计算

用下式校准样品吸光度

$$A = A_S - A_b - (A_d) \qquad (5-1)$$

式中:A——校正吸光度;

　　　A_S——试验样品中测得的吸光度;

　　　A_b——空白试剂中测得的吸光度;

　　　A_d——空白样品中测得的吸光度(仅用于变色或沾污的情况下)。

用校正后的吸光度数值,通过工作曲线查出甲醛含量,用 μg/mL 表示。计算公式:

$$F = \frac{c \times 100}{m} \qquad (5-2)$$

式中:F——从样品中萃取的甲醛含量,mg/kg;

　　　c——读自工作曲线上的萃取液中的甲醛浓度,μg/mL;

　　　m——试样的质量,g。

取两次检测结果的平均值作为试验结果,计算结果修约至整数位。

如果结果小于 20 mg/kg,试验结果报告"未检出"。

结果记录:

样品名称:＿＿＿＿＿＿＿＿＿＿＿＿＿检验依据:＿＿＿＿＿＿＿＿＿＿＿＿＿

检验日期:＿＿＿＿＿＿＿＿环境温度:＿＿＿＿＿＿＿＿相对湿度:＿＿＿＿＿＿＿

检验用仪器:＿＿＿＿＿＿＿＿＿＿＿＿＿＿＿＿＿＿＿＿＿＿＿＿＿＿＿＿＿＿＿

项目	甲醛浓度 c(μg/mL)	吸光度 A	工作曲线
各种浓度校准溶液			$y = a + bx$ 式中:x——自变量(甲醛标准溶液浓度 c); y——因变量(吸光度 A); a——直线的截距, b——直线的斜率。 由校准溶液得出的工作曲线为: ＿＿＿＿＿＿＿＿＿＿
试样	M_1(g) = ＿＿＿＿	A_1 = ＿＿＿＿	c_1(μg/mL) = ＿＿＿＿	F(mg/kg) = ＿＿＿＿
	M_2(g) = ＿＿＿＿	A_2 = ＿＿＿＿	c_2(μg/mL) = ＿＿＿＿	

项目 5-2　纺织品 pH 检验

【项目任务】

某企业送来 2 块纺织品面料,要求检测纺织品水萃取液 pH,并出具检测报告。

【项目要求】

1. 在学习查阅相关资料和标准的基础上,采用分组讨论的方式,制订工作计划,并写出实施方案。

2. 在教师的指导下,以小组为单位,学生在纺织检测实训室,按照标准进行检测。

3. 安全、规范地使用仪器及化学试剂,并做好实验场地的清洁整理工作。

4. 完成检测报告。

5. 小组互评,教师点评。

纺织品在染色和整理过程中需要使用各种染料和整理剂,经过这些酸、碱、盐之类的化学物质加工处理后,纺织品上不可避免地带有一定的酸、碱性,这种酸、碱程度通常用 pH 来表示。pH 偏高或偏低,不仅对纺织品本身的使用性能有影响,而且在纺织品服用过程中可能给人体健康带来一定的危害。例如:过强酸性残留会使纺织品的弹力降低而影响服用寿命,酸性条件下真菌、酵母菌非常容易在纺织品运输过程中快速繁殖,使纺织品发霉。人体的皮肤一般呈弱酸性,有利于防止一些细菌的侵入,若服用的纺织品呈过强的碱性,将导致皮肤表层的天然屏障遭到破坏,一些细菌在碱性条件下生长繁殖,刺激皮肤,给人体造成不适,甚至引起疾病。尤其对婴幼儿,皮肤较细嫩,抵抗力较弱,服用的纺织品酸碱性不当更容易造成伤害。因此纺织品的 pH 保持在微酸性和中性之间有利于人体的保护。

一、纺织品 pH 的定义

纺织品 pH 是指纺织品酸、碱程度的量化表示,即用水萃取液中氢离子浓度的负对数来表示 pH。对于通常的水溶液:

pH = 7　　呈中性

pH < 7　　呈酸性,pH 越小,表示酸性越强;

pH > 7　　呈碱性,pH 越大,表示碱性越强。

二、测量原理

在室温下,用带有玻璃电极的 pH 计对纺织品水萃取液进行电测量,然后转换成 pH。一般最常用的 pH 玻璃电极是由玻璃膜制成,核心部分是头端敏感的玻璃球泡,在球泡内充注 0.1mol/L HCl(或 KCl)内参比溶液。敏感玻璃球膜浸泡到水溶液以后,表面形成水化凝胶层,凝胶层中的氢离子与溶液中的氢离子发生离子交换反应,同时氢离子在水化层的界面上与玻璃表面的碱金属离子产生离子交换,水溶液中氢离子浓度越高,产生交换的离子就越多,离子交换的结果产生一个界面电位,使玻璃电极的电位随溶液中氢离子活度的变化而变化,最终通过仪器的电子单元处理、输出,或直接转化为对应的 pH 输出。

☞ 任务实施

一、测试标准

GB/T　7573—2009《纺织品　水萃取液 pH 的测定》

引用标准:GB/T　6682—2008《分析实验室用水规格和试验方法》。

二、操作仪器、用具及试剂

250mL 具塞玻璃或聚丙烯烧瓶,机械振荡器(往复式速率至少为 60 次/min,旋转式速率至少为 30r/min),150mL 烧杯,玻璃棒,100mL 量筒,玻璃电极 pH 计(测量精度至少精确到 0.1),天平(精度 0.01g),1000mL 容量瓶。

三、试剂

所有试剂均为分析纯。

(1)蒸馏水或去离子水,至少满足 GB/T　6682—2008 三级水的要求,pH 在 5.0 ~ 7.52 之间。第一次使用前应检验水的 pH。如果 pH 不在规定的范围内,可用化学性质稳定的玻璃仪器重新蒸馏或采用其他方法使水的 pH 达标。

(2)氯化钾溶液,0.1mol/L,用蒸馏水或去离子水配制。

(3)缓冲溶液,用于测定前校准 pH 计,推荐使用的缓冲溶液 pH 在 4.7 和 9.0 左右。

四、试样准备

将样品剪成约 5mm × 5mm 的碎片,每个测试样品准备 3 个平行样,每个称取(2.00 ± 0.05)g,避免污染和用手直接接触样品。

五、操作步骤

1. 水萃取液的制备

在室温下(一般控制在 10 ~ 30℃)制备三个平行样的水萃取液:在具塞烧瓶中加入一份试样和 100mL 水或氯化钾溶液。盖紧瓶塞。充分摇动片刻,使样品完全湿润,将烧瓶置于机械振荡器上振荡 2h ± 5min,然后过滤倒入烧杯待测。

2. 测量

(1)在萃取液温度下用两种或三种缓冲溶液校准 pH 计。

(2)把玻璃电极浸没到同一萃取液(水或氯化钾溶液)中数次,直到 pH 示值稳定。

(3)将第一份萃取液倒入烧杯,迅速把电极(要清洗)浸没到液面下至少 10mm 的深度,轻轻摇动烧杯,直到 pH 示值稳定(本次测定值不记录)。

(4)将第二份萃取液倒入另一个烧杯,迅速把电极(不清洗)浸没到液面下至少 10mm 的深度,轻轻摇动烧杯,直到 pH 示值稳定并记录。

(5)取第三份萃取液,迅速把电极(不清洗)浸没到液面下至少 10mm 的深度,轻轻摇动烧杯,直到 pH 示值稳定并记录。

(6)记录的第二份萃取液和第三份萃取液的 pH 作为测量值。

六、计算

如果两个 pH 测量值之间差异(精确到 0.1)大于 0.2,则另取其他试样重新测试,直到得到两个有效的测量值,计算其平均值,结果保留一位小数。

记录与计算:

样品名称:_____检验依据:_____

检验日期:_____环境温度:_____相对湿度:_____

检验用仪器:_____

项目	pH
样品一	—
样品二	
样品三	
平均值(保留一位小数)	

七、纺织品水萃取液 pH 检验应注意的问题

纺织品 pH 的测量虽然简单,但要准确测量并非易事。一个正确 pH 读数是依靠整个操作系统,pH 计的电极和电子单元仪器的工作状态、缓冲液、试验操作过程等因素都会直接影响试验结果的准确性。在检验中以下问题值得引起注意。

1. 玻璃电极的使用和保养

玻璃电极头端敏感玻璃球膜浸泡到水溶液以后,表面会形成水化凝胶层,这是氢离子发生离子交换反应的场所,只有保持水化层有一定的厚度及稳定,玻璃电极才会有良好的响应性能。因此电极在使用过程中应尽可能避免将电极搁置干燥,电极使用后应立即清洗干净,头部浸没在 KCl 溶液(或 pH 为 7.00)的溶液中妥善保存。

2. 水萃取液的过滤

纺织品水萃取中往往残留许多细小的纤维和杂质,如果直接用玻璃电极测量,这些杂物会被吸附在玻璃球膜表面水化层上,影响氢离子发生离子交换反应,造成玻璃电极响应缓慢,导致测量结果不正确。因此有必要在测量前对水萃取液进行过滤。

3. 有关测量温度的要求

无论在仪器校准或测量时,缓冲溶液和水萃取液应该保持处在同一温度。

4. pH 计校准用缓冲液

使用时应该注意用新鲜缓冲溶液,最好现配现用。如果用市售的缓冲溶液,一般要求在 10℃ 以下保存,不能存放过久,应在有效期内使用。缓冲溶液的温度要和水萃取液温度接近,选用的缓冲溶液应该适用于被测试样的 pH 量程范围,两点标定时,应尽量使被测溶液的 pH 在两

个标准缓冲溶液的区间内。校准后,应将浸入标准缓冲溶液的电极用水充分冲洗,否则易造成测量误差。缓冲溶液用过后应废弃不可回用。

项目 5 – 3　纺织品色牢度检验

【项目任务】

某企业送来两块纺织品面料,要求检测纺织品耐摩擦色牢度、耐皂洗色牢度、耐汗渍色牢度、耐水色牢度,并出具检测报告。

【项目要求】

1. 在学习查阅相关资料和标准的基础上,采用分组讨论的方式,制订工作计划,并写出实施方案。

2. 在教师的指导下,以小组为单位,学生在纺织检测实训室,按照标准进行检测。

3. 安全、规范地使用仪器及化学试剂,并做好实验场地的清洁整理工作。

4. 完成检测报告。

5. 小组互评,教师点评。

一、概述

色牢度是指染色纺织品在物理和化学作用下,颜色保持坚牢的程度,是纺织品的重要质量指标之一。如果色牢度较差,部分染料或整理剂在人体的汗液、唾液的蛋白酶生物催化作用下被分解或还原出有害的基团,被人体吸收,在体内集聚,会对人体健康造成危害。此外,在染色过程中或消费者服用洗涤时,因色牢度差而脱落的染料和整理剂随废水排放到江河中,也会给生态环境带来不利影响。我国强制性标准 GB　18401—2010《国家纺织产品基本安全技术规范》把耐洗、耐水、耐汗渍、耐摩擦、耐唾液色牢度纳入强制性要求范围。

二、纺织品色牢度试验方法

目前我国耐水、耐洗、耐摩擦、耐汗渍色牢度试验方法标准都等效采用 ISO 相应的国际标准,耐唾液色牢度试验方法标准是参照德国 DIN 标准。

国内外通用的色牢度评定方法是在标准光源下分别用变色用灰色样卡目测评定原样和试验后试样的变色,用沾色用灰色样卡目测评定试验后的组合试样和标准贴衬织物的沾色。评级时,采用 600lx 及以上等效光源,入射光与纺织品表面约呈 45°角,观察方向大致垂直于纺织品表面。

GB　250—2008 评定变色用灰色样卡等效采用 ISO　105—A02 标准,其组成特点是五级九档制灰卡:基本灰卡由五对无光的灰色小片所组成,根据可分辨的色差分为五个色牢度等级,即5、4、3、2、1,在两个级别中再补充半级,即 4 – 5、3 – 4、2 – 3、1 – 2,就形成五级九档制灰卡,每对的第一组成均是中性灰色,仅是色牢度等级5的第二组成与第一组成相一致,其他各对的第二组成在色泽上依次变浅,而色差则逐级增大。

GB 251—2008评定沾色用灰色样卡等效采用ISO 105—A03标准,其组成特点是五级九档制灰卡:每对的第一组成均是白色,仅是色牢度等级5的第二组成与第一组成相一致,其他各对的第二组成在色泽上依次变深,而色差则逐级增大。

☞任务实施

一、操作仪器、用具

耐摩擦色牢度试验仪:具有两种可选尺寸的摩擦头作往复直线摩擦运动。其中长方形摩擦头用于绒类织物,圆形摩擦头用于其他纺织品。摩擦头施以向下压力为(9 ± 0.2)N,直线往复动程为(104 ± 3)mm。

棉摩擦布:符合GB/T 7568.2—2008《纺织品 色牢度试验 标准贴衬织物》要求,剪成$(50mm \pm 2mm) \times (50mm \pm 2mm)$的正方形用于圆摩擦头,剪成$(25mm \pm 2mm) \times (100mm \pm 2mm)$的长方形用于长方形摩擦头。

灰色样卡:用于评定变色和沾色,符合GB/T 250—2008和GB/T 251—2008.

耐洗色牢度试验仪:转速为(40 ± 2)r/min,试验温度保持在规定温度$20 \pm 2℃$以内。耐腐蚀的不锈钢珠,直径约为6mm。天平:精确至± 0.01g。

耐水耐汗渍色牢度试验装置:由一副不锈钢架构成,架内匹配一块质量为5kg的重锤,底部为$60mm \times 115mm$;恒温箱:保温在$(37 \pm 2)℃$,无通风装置;天平:精确至± 0.01g。

二、测试标准

GB/T 3920—2008《纺织品 色牢度试验 耐摩擦色牢度》;

GB/T 251—2008《纺织品 色牢度试验 评定沾色用灰色样卡》;

GB/T 6151—1997《纺织品 色牢度试验 试验通则》;

GB/T 6529—2008《纺织品 调湿和试验用标准大气》;

GB/T 7568.2—2008《纺织品 色牢度试验 标准贴衬织物 第2部分:棉和黏胶纤维》;

GB/T 3921—2008《纺织品 色牢度试验 耐皂洗色牢度》;

GB/T 250—2008《纺织品 色牢度试验 评定变色用灰色样卡》;

GB/T 6682—1992《分析实验室用水规格和试验方法》;

GB/T 7568.1—2002《纺织品 色牢度试验 毛标准贴衬织物规格》;

GB/T 7568.3—2008《纺织品 色牢度试验 标准贴衬织物 第3部分:聚酰胺纤维》;

GB/T 7568.4—2002《纺织品 色牢度试验 聚酯标准贴衬织物规格》;

GB/T 7568.5—2002《纺织品 色牢度试验 聚丙烯腈标准贴衬织物规格》;

GB/T 7568.6—2002《纺织品 色牢度试验 丝标准贴衬织物规格》;

GB/T 7568.7—2008《纺织品 色牢度试验 标准贴衬织物 第7部分:多纤维》;

GB/T 13765—1992《纺织品 色牢度试验 亚麻和苎麻标准贴衬织物规格》;

GB/T 3922—1995《纺织品耐汗渍色牢度试验方法》;

GB/T　5713—1997《纺织品　色牢度试验　耐水色牢度》;

GB/T　18886—2002《纺织品　色牢度试验　耐唾液色牢度》。

三、操作步骤

1. 耐摩擦色牢度

(1)测试原理。将纺织试样分别与一块干摩擦布和一块湿摩擦布摩擦,评定摩擦布沾色程度。

(2)试样准备。在试验前,将试样和摩擦布放置在 GB/T　6529—2008 规定的标准大气下调湿至少 4h。准备两组尺寸不小于 50mm×140mm 的试样,分别用于干摩擦试验和湿摩擦试验。每组各两块试样,其中一块试样的长度方向平行于经纱(或纵向),另一块试样的长度方向平行于纬纱(或横向)。

(3)干摩擦。将调湿后的摩擦布平放在摩擦头上,使摩擦布的经向与摩擦头的运行方向一致。运动速度为每秒一个往复摩擦循环,共摩擦 10 个循环。在干燥试样上摩擦的动程为(104±3)mm,施加的向下压力为(9±0.2)N,取下摩擦布,并去除摩擦布上可能影响评级的任何多余纤维。

(4)湿摩擦。称量调湿后的摩擦布,将其完全浸入蒸馏水中,重新称量摩擦布,确保摩擦布的含水率达到 95%～100%,然后按干摩擦试验步骤进行操作。将湿摩擦布干燥。

(5)评级。在适宜的光源下,用评定沾色用灰色样卡评定摩擦布的沾色级数。

(6)测试记录。

项目	摩擦牢度(级)	
级数	干	湿
原样		
干摩擦沾色样		
湿摩擦沾色样		

2. 耐洗色牢度

(1)测试原理。将纺织品试样与一块或两块规定的标准贴衬织物缝合在一起,置于皂液或肥皂和无水碳酸钠混合液中,在规定时间和温度条件下进行机械搅动,再经清洗和干燥。以原样作为参照物,用灰色样卡评定试样变色和贴衬织物沾色。

(2)皂液。试验条件为 A、B 的,每升水中含 5g 皂片配制;试验条件为 C、D、E 的,每升水中含 5g 皂片和 2g 无水碳酸钠配制,配制用水符合 GB/T　6682—2008 三级水要求。

(3)贴衬织物按试验要求选用。第一块是由与试样同类的纤维制成,第二块由表 5 - 1 规定的纤维制成。如试样为混纺或交织品,则第一块由主要含量的纤维制成,第二块由次要含量的纤维制成。

表 5 - 1　单纤维贴衬织物

第一块	第二块	
	40℃和50℃的试验	60℃和95℃的试验
棉	羊毛	黏胶纤维
羊毛	棉	
丝	棉	
麻	羊毛	黏胶纤维
黏胶纤维	羊毛	棉
醋酯纤维	黏胶纤维	黏胶纤维
聚酰胺纤维	羊毛或棉	棉
聚酯纤维	羊毛或棉	棉
聚丙烯腈纤维	羊毛或棉	棉

（4）试样准备。取 100mm×40mm 的试样一块，夹于两块 100mm×40mm 单纤维贴衬织物之间，沿一短边缝合；或者取 100mm×40mm 的试样一块，正面与 100mm×40mm 多纤维贴衬织物相接触，沿一短边缝合。然后用天平称重组合试样的质量，便以按浴比配制皂液。

（5）操作。

①按照所采用的试验方法来制备皂液。

②根据表 5 - 2 的试验条件将组合试样（D、E 试验条件需要加规定数量的不锈钢钢珠）放在容器内，注入预热至试验温度的需要量的皂液，浴比为 1∶50，盖上容器，按表 5 - 2 的试验条件中规定的温度和时间进行操作。

表 5 - 2　试验条件

试验方法编号	温度（℃）	时间	钢珠数量（个）	无水碳酸钠
A	40	30min	0	不添加
B	50	45min	0	不添加
C	60	30min	0	添加
D	95	30min	10	添加
E	95	4h	10	添加

③对所有试验，洗涤结束后取出组合试样，分别放在三级水中清洗两次，然后在流动水中冲洗至干净，用手挤去组合试样上过量的水分，展开组合试样，将其悬挂在不超过 60℃ 的空气中干燥。

④在标准光源下，分别用评定变色用灰色样卡和评定沾色用灰色样卡评定试样的变色和贴衬织物的沾色。

（6）测试记录。

项目	水洗色牢度		
级数	原样变色	贴衬 1 沾色	贴衬 2 沾色
原样			
原样变色			
贴衬 1			
贴衬 2			

3. 耐汗渍色牢度

（1）测试原理。将纺织品试样与规定标准贴衬织物组成的复合试样,放在含有人造酸汗和碱汗的不同试液中浸湿,随后在恒定的压力、温度和一定时间处理后,用灰色样卡评定试样变色和贴衬织物沾色。

（2）汗液的配制。试液用蒸馏水配制,现配现用。

碱液每升含:L－组氨酸盐酸盐一水合物　　　0.5g

　　　　　氯化钠　　　　　　　　　　　　5g

　　　　　磷酸氢二钠十二水合物　　　　　5g 或

　　　　　磷酸氢二钠二水合物　　　　　　2.5g

　　　　　用 $c(NaOH) = 0.1mol/L$ 氢氧化钠溶液调整试液 pH 至 8

酸液每升含:L－组氨酸盐酸盐一水合物　　　0.5g

　　　　　氯化钠　　　　　　　　　　　　5g

　　　　　磷酸二氢钠二水合物　　　　　　2.2g

　　　　　用 $c(NaOH) = 0.1mol/L$ 氢氧化钠溶液调整试液 pH 至 5.5

（3）贴衬织物。第一块是由与试样同类的纤维制成,第二块由表 5－3 规定的纤维制成。如试样为混纺或交织物,则第一块由主要含量的纤维制成,第二块由次要含量的纤维制成。或用一块多纤维贴衬织物。

表 5－3　单纤维贴衬织物

第一块贴衬织物	第二块贴衬织物
棉	羊毛
羊毛	棉
丝	棉
麻	羊毛
黏胶纤维	羊毛
醋酯纤维	黏胶纤维

第一块贴衬织物	第二块贴衬织物
聚酰胺纤维	羊毛或黏胶纤维
聚酯纤维	羊毛或棉
聚丙烯腈纤维	羊毛或棉

(4)灰色样卡。用于评定变色和沾色,符合 GB/T 250—2008 和 GB/T 251—2008。

(5)试样准备。取 100mm×40mm 的试样一块,夹于两块 100mm×40mm 单纤维贴衬织物之间,沿一短边缝合;或者取 100mm×40mm 的试样一块,正面与 100mm×40mm 多纤维贴衬织物相接触,整个试验需要两个组合试样。

(6)操作。

①在浴比为 50:1 的酸、碱汗液里分别放入一块组合试样,使其完全湿润,然后在室温下放置 30min,必要时可稍加揿压和拨动,以保证试液能良好而均匀地渗透。取出试样,倒去残液,用两根玻璃棒夹去组合试样上过多的试液,或把组合试样放在试样板上,用另一块试样板刮去过多的试液,将试样夹在两块试样板中间。用同样步骤放好其他组合试样,然后使试样受压 12.5kPa。

②酸和碱汗液使用的仪器要分开。

③把带有组合试样的酸、碱两组仪器放在恒温箱里,在(37±2)℃的温度下放置 4h。

④展开组合试样,悬挂在不超过 60℃的空气中干燥。

⑤用灰色样卡评定试样的变色和贴衬织物与试样接触一面的沾色。

(7)测试记录。

项目	汗渍牢度(酸)			汗渍牢度(碱)		
级数	原样变色	贴衬1沾色	贴衬2沾色	原样变色	贴衬1沾色	贴衬2沾色
原样						
原样变色						
贴衬1						
贴衬2						

4. 耐水色牢度

(1)测试原理。将纺织品试样与规定标准贴衬织物组成的复合试样,放在水中浸湿,挤去水分,置于试验装置的两块平板中间,承受规定压力,干燥试样和贴衬织物,用灰色样卡评定试样变色和贴衬织物沾色。

(2)贴衬织物。第一块是由与试样同类的纤维制成,第二块由表 5－3 规定的纤维制成。如试样为混纺或交织品,则第一块由主要含量的纤维制成,第二块由次要含量的纤维制成。

（3）灰色样卡。用于评定变色和沾色，符合 GB/T　250—2008 和 GB/T　251—2008。

（4）试样准备。取 100mm×40mm 的试样一块，夹于两块 100mm×40mm 单纤维贴衬织物之间，沿一短边缝合；或者取 100mm×40mm 的试样一块，正面与 100mm×40mm 多纤维贴衬织物相接触。

（5）操作。

①组合试样在室温下置于三级水中，完全湿润，倒去溶液，将组合试样平置于两块玻璃或丙烯酸树脂板中间，然后使试样受压 12.5kPa。

②带有组合试样的装置放在恒温箱里，在（37±2）℃ 的温度下放置 4h。

③展开组合试样，悬挂在不超过 60℃ 的空气中干燥。

④用灰色样卡评定试样的变色和贴衬织物与试样接触一面的沾色。

（6）测试记录。

项目	水浸色牢度		
级数	原样变色	贴衬1沾色	贴衬2沾色
原样			
原样变色			
贴衬1			
贴衬2			

5. 耐唾液色牢度

（1）测试原理。将纺织品试样与规定标准贴衬织物组成的复合试样，于人造唾液中处理后去除试液，放在试验装置内两块平板间施加规定压力，然后将试样和贴衬织物分别干燥，用灰色样卡评定试样变色和贴衬织物沾色。

（2）人造唾液的配制。试液用三级水配制，现配现用。

每升溶液含：乳酸　　　　　　　3.0g

尿素　　　　　　　0.2g

氯化钠　　　　　　4.5g

氯化钾　　　　　　0.3g

硫酸钠　　　　　　0.3g

氯化铵　　　　　　0.4g

（3）贴衬织物。第一块与试样的同类纤维制成，第二块由表 5-3 规定的纤维制成。如试样为混纺或交织品，则第一块由主要含量的纤维制成，第二块由次要含量的纤维制成。

（4）灰色样卡。用于评定变色和沾色，符合 GB/T　250—2008 和 GB/T　251—2008。

（5）试样准备。取 100mm×40mm 的试样一块，夹于两块 100mm×40mm 单纤维贴衬织物之间，沿一短边缝合；或者取 100mm×40mm 的试样一块，正面与 100mm×40mm 多纤维贴衬织物相接触。

（6）操作。

①在浴比为50：1的人造唾液里放入一块组合试样，使其完全湿润，然后在室温下放置30min，必要时可稍加揿压和拨动，以保证试液能良好而均匀地渗透。取出试样，倒去残液，用两根玻璃棒夹去组合试样上过多的试液，或把组合试样放在试样板上，用另一块试样板刮去过多的试液，将试样夹在两块试样板中间。用同样步骤放好其他组合试样，然后使试样受压12.5kPa。

②把带有组合试样的仪器放在恒温箱里，在(37±2)℃的温度下放置4h。

③展开组合试样，悬挂在不超过60℃的空气中干燥。

④用灰色样卡评定试样的变色和贴衬织物与试样接触一面的沾色。

（7）测试记录。

项目	耐唾液色牢度		
级数	原样变色	贴衬1沾色	贴衬2沾色
原样			
原样变色			
贴衬1			
贴衬2			

参考文献

[1]姚穆．纺织材料学[M].3 版．北京:中国纺织出版社,2009.

[2]瞿才新,张荣华．纺织材料基础[M]．北京:中国纺织出版社,2012.

[3]范尧明．纺织材料与检测[M]．上海:学林出版社,2012.

[4]杨乐芳．纺织材料性能与检测技术[M]．上海:东华大学出版社,2010.

[5]周美凤．纺织材料[M]．上海:东华大学出版社,2010.

[6]张一心．纺织材料[M].2 版．北京:中国纺织出版社,2009.

[7]朱进忠．纺织材料[M].2 版．北京:中国纺织出版社,2009.

[8]朱进忠．纺织材料学实验[M].2 版．北京:中国纺织出版社,2008.

[9]李南．纺织品检测实训[M]．北京:中国纺织出版社,2010.

[10]褚结．纺织品检验[M].2 版．北京:高等教育出版社,2008.

[11]田恬．纺织品检验[M]．北京:中国纺织出版社,2006.

[12]于伟东,储才元．纺织材料学[M]．北京:中国纺织出版社,2006.

[13]李汝勤,宋钧才．纤维与纺织测试技术[M]．上海:东华大学出版社,2009.

[14]宗亚宁．新型纺织材料及应用[M]．北京:中国纺织出版社,2009.

[15]徐蕴燕．织物性能与检测[M]．北京:中国纺织出版社,2007.

[16]姜怀．纺织材料学[M].2 版．北京:中国纺织出版社,1996.

[17]李春田．标准化概论[M].4 版．北京:中国人民大学出版社,2006.

[18]蒋耀兴,郭雅琳．纺织品检验学[M]．北京:中国纺织出版社,2004.

[19]翁毅．纺织品检测实务[M]．北京:中国纺织出版社,2012.

[20]慎仁安．新型纺织测试仪器使用手册[M]．北京:中国纺织出版社,2005.

[21]赵书经．纺织材料试验教程[M]．北京:中国纺织出版社,2005.

[22]纺织工业科学技术发展中心．中国纺织标准汇编[S]．北京:中国标准出版社,2011.

[23]纺织工业科学技术发展中心．中国纺织标准汇编(麻纺织卷)[S]．北京:中国标准出版社,2001.